例解钢筋工程实用技术系列

U0370133

例解钢筋翻样方法

LIJIE GANGJIN FANYANG FANGFA

李守巨　徐鑫◎主编

知识产权出版社
全国百佳图书出版单位

本书编写组

主　编　李守巨　徐　鑫

参　编　于　涛　王丽娟　成育芳　刘艳君

　　　　　孙丽娜　何　影　李春娜　赵　慧

　　　　　陶红梅　夏　欣

前　　言

　　翻样指施工技术人员按图纸计算工料时列出详细加工清单并画出加工简图，是根据施工图、相关规范、图集、结构受力原理和计算规则计算钢筋的长度、根数、重量并设计出钢筋图形的一项重要工作，是一种高级、高难度的技术性脑力劳动。计算过程复杂繁琐，要求精准、合理及优化，难度较高。一个好的翻样技术员应该经历过一线工作的锻炼，在实践中逐步掌握其中的诀窍，这样在翻样时就会时时为操作工人考虑，处理好各构件之间的关系，料单中钢材的损耗可以做到最小。基于此，我们组织编写了此书，方便相关工作人员学习平法钢筋翻样知识。

　　本书根据《11G101－1》《11G101－2》《11G101－3》《12G901－1》《12G901－2》《12G901－3》六本最新图集及《混凝土结构设计规范》（GB 50010—2010）、《建筑抗震设计规范》（GB 50011—2010）编写。共分为六章，包括：基础钢筋翻样、柱构件钢筋翻样、梁构件钢筋翻样、剪力墙构件钢筋翻样、板构件钢筋翻样以及板式楼梯钢筋翻样。本书把相关内容板块化独立出来，便于读者快速查找。

　　本书可供施工单位、造价咨询单位和建设单位钢筋翻样人员使用，也可供结构设计人员、监理人员等参考。

　　由于编写时间仓促，编者经验、理论水平有限，难免有疏漏、不足之处，敬请广大读者给予批评、指正。

编　者

目　　录

1　基础钢筋翻样 ··· 1
　1.1　独立基础钢筋翻样 ··· 3
　1.2　筏形基础钢筋翻样 ··· 8
2　柱构件钢筋翻样 ··· 27
　2.1　框架柱顶层钢筋翻样 ··· 29
　2.2　框架柱中间层钢筋翻样 ·· 43
　2.3　基础层柱插筋翻样 ·· 46
　2.4　基础层柱箍筋翻样 ·· 51
3　梁构件钢筋翻样 ··· 61
　3.1　楼层框架梁钢筋翻样 ··· 63
　3.2　屋面框架梁钢筋翻样 ··· 77
　3.3　框支梁钢筋翻样 ··· 80
　3.4　非框架梁钢筋翻样 ·· 82
　3.5　悬挑梁钢筋翻样 ··· 84
4　剪力墙构件钢筋翻样 ··· 91
　4.1　剪力墙身钢筋翻样 ·· 93
　4.2　剪力墙柱钢筋翻样 ·· 102
　4.3　剪力墙梁钢筋翻样 ·· 106
5　板构件钢筋翻样 ··· 115
　5.1　单跨板钢筋翻样 ··· 117
　5.2　双跨板钢筋翻样 ··· 122
　5.3　纯悬挑板钢筋翻样 ·· 124
6　板式楼梯钢筋翻样 ··· 129
　6.1　AT 型楼梯钢筋翻样 ·· 131
　6.2　ATc 型楼梯配筋翻样 ··· 135

参考文献 ··· 139

1

基 础 钢 筋 翻 样

1.1　独立基础钢筋翻样

常遇问题

1. 独立基础底板配筋构造做法有哪些？
2. 独立基础底板配筋长度缩减10%构造做法有哪些？
3. 独立基础钢筋翻样如何计算？

【翻样方法】

◆独立基础底板配筋翻样

独立基础底板配筋构造适用于普通独立基础、杯口独立基础，其配筋构造如图1-1所示，钢筋排布构造如图1-2所示。

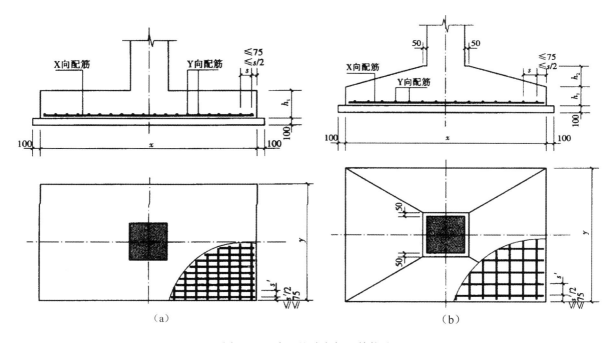

图1-1　独立基础底板配筋构造
(a) 阶形；(b) 坡形

（1）X向钢筋

$$长度 = x - 2c \tag{1-1}$$

$$根数 = \frac{y - 2 \times \min\left(75, \dfrac{s'}{2}\right)}{s'} + 1 \tag{1-2}$$

式中　　　c——钢筋保护层的最小厚度（mm）；

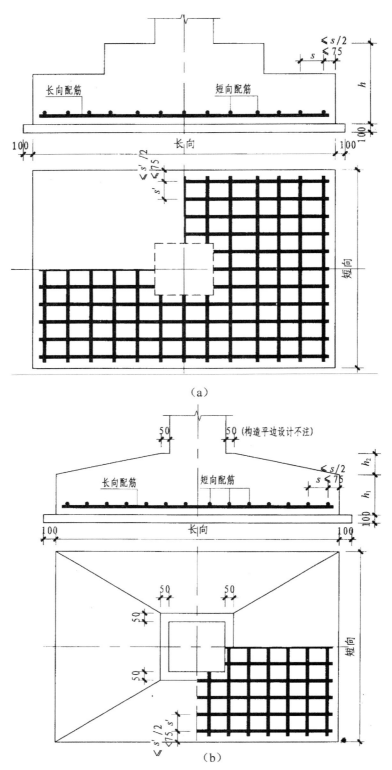

（a）

（b）

图 1-2　独立基础底板钢筋排布构造

（a）阶形；（b）坡形

$$\min\left(75, \frac{s'}{2}\right)$$——X 向钢筋起步距离（mm）；

$$s'$$——X 向钢筋间距（mm）。

（2）Y 向钢筋

$$长度 = y - 2c \tag{1-3}$$

$$根数 = \frac{x - 2 \times \min\left(75, \frac{s}{2}\right)}{s} + 1 \tag{1-4}$$

式中 c——钢筋保护层的最小厚度（mm）；

$$\min\left(75, \frac{s}{2}\right)$$——Y 向钢筋起步距离（mm）；

$$s$$——Y 向钢筋间距（mm）。

  除此之外，也可看出，独立基础底板双向交叉钢筋布置时，短向设置在上，长向设置在下。

◆独立基础底板配筋长度缩减 10% 的钢筋翻样

（1）对称独立基础构造

  底板配筋长度缩减 10% 的对称独立基础构造如图 1-3 所示，钢筋排布构造如图 1-4 所示。

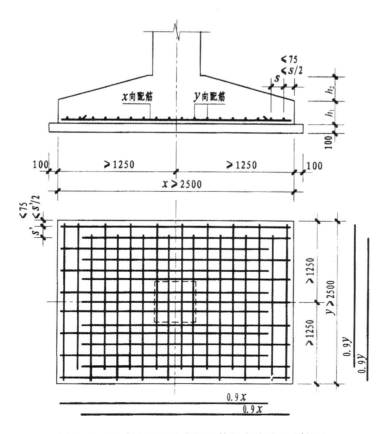

图 1-3 对称独立基础底板配筋长度缩减 10% 构造

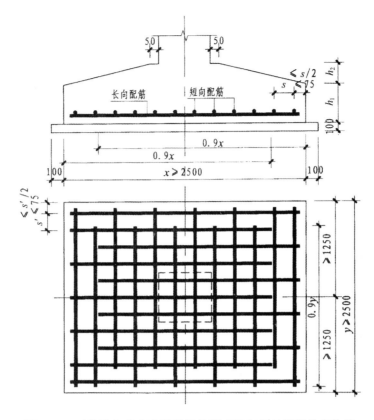

图 1-4 对称独立基础底板配筋长度减短 10% 的钢筋排布构造

当对称独立基础底板的长度不小于 2500mm 时，各边最外侧钢筋不缩减；除了外侧钢筋外，两项其他底板配筋可以缩减 10%，即取相应方向底板长度的 0.9 倍。因此，可得出下列计算公式：

$$外侧钢筋长度 = x - 2c \ 或 \ y - 2c \tag{1-5}$$

$$其他钢筋长度 = 0.9x \ 或 \ 0.9y \tag{1-6}$$

式中 c——钢筋保护层的最小厚度（mm）。

（2）非对称独立基础

底板配筋长度缩减 10% 的非对称独立基础构造，如图 1-5 所示，钢筋排布构造如图 1-6 所示。

当非对称独立基础底板的长度不小于 2500mm 时，各边最外侧钢筋不缩减；对称方向（图中 y 向）中部钢筋长度缩减 10%，非对称方向（图中 x 向）：当基础某侧从柱中心至基础底板边缘的距离小于 1250mm 时，该侧钢筋不缩减，当基础某侧从柱中心至基础底板边缘的距离不小于 1250mm 时，该侧钢筋隔一根缩减一根。因此，可得出以下计算公式：

$$外侧钢筋（不缩减）长度 = x - 2c \ 或 \ y - 2c \tag{1-7}$$

$$对称方向中部钢筋长度 = 0.9y \tag{1-8}$$

非对称方向：

$$中部钢筋长度 = x - 2c \tag{1-9}$$

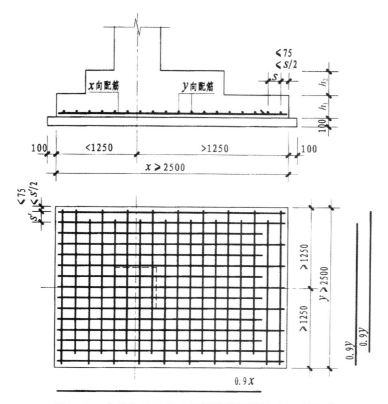

图 1-5 非对称独立基础底板配筋长度缩减 10％构造

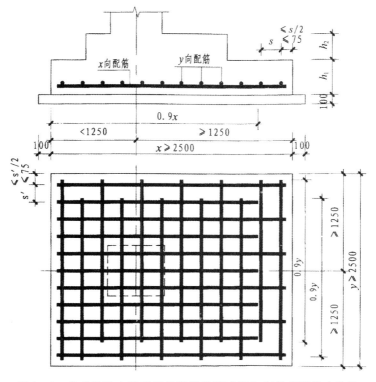

图 1-6 非对称独立基础底板配筋长度减短 10％的钢筋排布构造

在缩减时：

$$中部钢筋长度＝0.9y \qquad (1-10)$$

式中　c——钢筋保护层的最小厚度（mm）。

【实例】

【例1-1】　DJ_p1 平法施工图，如图1-7所示，其剖面示意图如图1-8所示。求 DJ_p1 的 X 向、Y 向钢筋。

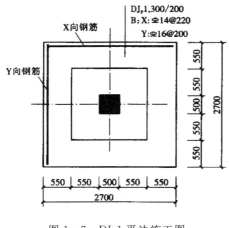

图1-7　DJ_p1平法施工图

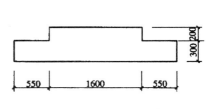

图1-8　DJ_p1剖面示意图

【解】

（1）X 向钢筋

钢筋长度＝$x-2c＝2700-2\times40＝2620$（mm）

$$钢筋根数＝\frac{y-2\times\min\left(75,\dfrac{s'}{2}\right)}{s'}+1＝\frac{2700-2\times75}{220}+1＝13（根）$$

（2）Y 向钢筋

钢筋长度＝$y-2c＝2700-2\times40＝2620$（mm）

$$钢筋根数＝\frac{x-2\times\min\left(75,\dfrac{s}{2}\right)}{s}+1＝\frac{2700-2\times75}{200}+1＝14（根）$$

1.2　筏形基础钢筋翻样

常遇问题

1. 基础梁纵筋如何翻样？
2. 梁板式筏形基础平板变截面钢筋如何翻样？
3. 梁板式筏形基础平板底部贯通纵筋长度如何计算？
4. 梁板式筏形基础平板底部贯通纵筋根数如何计算？

【翻样方法】

◆基础梁钢筋翻样

（1）基础梁纵筋翻样

1）基础梁端部无外伸构造，如图 1-9 所示。

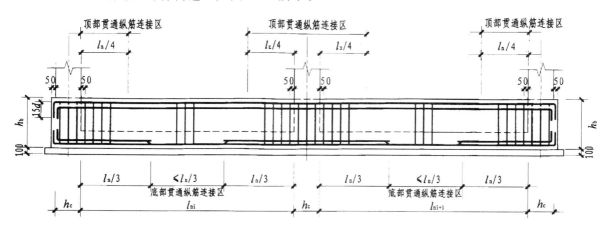

图 1-9 基础主梁无外伸构造

$$上部贯通筋长度＝梁长－2×c_1+\frac{h_c-2×c_2}{2} \qquad (1-11)$$

$$下部贯通筋长度＝梁长－2×c_1+\frac{h_c-2×c_2}{2} \qquad (1-12)$$

式中 c_1——基础梁端保护层厚度（mm）；

c_2——基础梁上下保护层厚度（mm）。

上部或下部钢筋根数不同时：

$$多出的钢筋长度＝梁长－2×c＋左弯折15d＋右弯折15d \qquad (1-13)$$

式中 c——基础梁保护层厚度（mm）（如基础梁端、基础梁底、基础梁顶保护层不同，应分别计算）；

d——钢筋直径（mm）。

2）基础主梁等截面外伸构造，如图 1-10 所示。

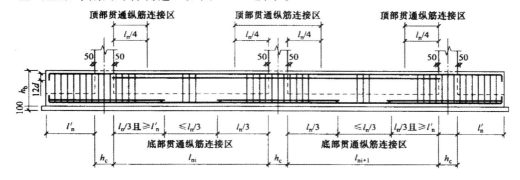

图 1-10 基础主梁等截面外伸构造

$$上部贯通筋长度 = 梁长 - 2 \times 保护层 + 左弯折 12d + 右弯折 12d \tag{1-14}$$

$$下部贯通筋长度 = 梁长 - 2 \times 保护层 + 左弯折 12d + 右弯折 12d \tag{1-15}$$

（2）基础主梁非贯通筋翻样

1）基础梁端部无外伸构造，如图 1-9 所示。

$$下部端支座非贯通钢筋长度 = 0.5h_c + \max\left(\frac{l_n}{3}, 1.2l_a + h_b + 0.5h_c\right) + \frac{h_b - 2 \times c}{2} \tag{1-16}$$

$$下部多出的端支座非贯通钢筋长度 = 0.5h_c + \max\left(\frac{l_n}{3}, 1.2l_a + h_b + 0.5h_c\right) + 15d \tag{1-17}$$

$$下部中间支座非贯通钢筋长度 = \max\left(\frac{l_n}{3}, 1.2l_a + h_b + 0.5h_c\right) \times 2 \tag{1-18}$$

式中　l_n——左跨与右跨之较大值（mm）；

　　　h_b——基础梁截面高度（mm）；

　　　h_c——沿基础梁跨度方向柱截面高度（mm）；

　　　c——基础梁保护层厚度（mm）。

2）基础主梁等截面外伸构造，如图 1-10 所示。

$$下部端支座非贯通钢筋长度 = 外伸长度 l + \max\left(\frac{l_n}{3}, l'_n\right) + 12d \tag{1-19}$$

$$下部中间支座非贯通钢筋长度 = \max\left(\frac{l_n}{3}, l'_n\right) \times 2 \tag{1-20}$$

式中　l'_n——端跨值（mm）。

（3）基础梁架立筋翻样

当梁下部贯通筋的根数小于箍筋的肢数时，在梁的跨中 $\frac{1}{3}$ 跨度范围内必须设置架立筋用来固定箍筋，架立筋与支座负弯矩钢筋搭接 150mm。

$$\begin{aligned}基础梁首跨架立筋长度 = {}& l_1 - \max\left(\frac{l_1}{3}, 1.2l_a + h_b + 0.5h_c\right) \\ & - \max\left(\frac{l_1}{3}, \frac{l_2}{3}, 1.2l_a + h_b + 0.5h_c\right) + 2 \times 150\end{aligned} \tag{1-21}$$

式中　l_1——首跨轴线至轴线长度（mm）；

　　　l_2——第二跨轴线至轴线长度（mm）。

（4）基础梁拉筋翻样

$$梁侧面拉筋根数 = 侧面筋道数 n \times \left(\frac{l_n - 50 \times 2}{非加密区间距的 2 倍} + 1\right) \tag{1-22}$$

$$梁侧面拉筋长度 = (梁宽 b - 保护层厚度 c \times 2) + 4d + 2 \times 11.9d \tag{1-23}$$

（5）基础梁箍筋翻样

$$根数 = 根数 1 + 根数 2 + \frac{梁净长 - 2 \times 50 - (根数 1 - 1) \times 间距 1 - (根数 2 - 1) \times 间距 2}{间距 3} - 1 \tag{1-24}$$

当设计未标注加密箍筋范围时，箍筋加密区长度 $L_1 = \max(1.5 \times h_b, 500)$。

$$箍筋根数 = 2 \times \left(\frac{L_1 - 50}{加密区间距} + 1\right) + \sum \frac{梁宽 - 2 \times 50}{加密区间距} - 1 + \frac{l_n - 2 \times L_1}{非加密区间距} - 1 \tag{1-25}$$

为了便于计算，箍筋与拉筋弯钩平直段长度按 $10d$ 计算。实际钢筋预算与下料时，应根据箍筋直径和构件是否抗震而定。

$$箍筋预算长度=(b+h)\times2-8\times c+2\times11.9d+8d \tag{1-26}$$

$$箍筋下料长度=(b+h)\times2-8\times c+2\times11.9d+8d-3\times1.75d \tag{1-27}$$

$$内箍预算长度=\left[\left(\frac{b-2\times c-D}{n}-1\right)\times j+D\right]\times2+2\times(h-c)+2\times11.9d+8d \tag{1-28}$$

$$内箍下料长度=\left[\left(\frac{b-2\times c-D}{n}-1\right)\times j+D\right]\times2+2\times(h-c)+2\times11.9d+8d-3\times1.75d \tag{1-29}$$

式中　b——梁宽度（mm）；

　　　c——梁侧保护层厚度（mm）；

　　　D——梁纵筋直径（mm）；

　　　n——梁箍筋肢数；

　　　j——梁内箍包含的主筋孔数；

　　　d——梁箍筋直径（mm）。

（6）基础梁附加箍筋翻样

附加箍筋间距 $8d$（d 为箍筋直径）且不大于梁正常箍筋间距。附加箍筋根数如果设计注明则按设计，如果设计只注明间距而没注写具体数量则按平法构造，计算如下：

$$附加箍筋根数=2\times\left(\frac{次梁宽度}{附加箍筋间距}+1\right) \tag{1-30}$$

（7）基础梁附加吊筋翻样

$$附加吊筋长度=次梁宽+2\times50+\frac{2\times(主梁高-保护层厚度)}{\sin45°(60°)}+2\times20d \tag{1-31}$$

（8）变截面基础梁钢筋翻样

梁变截面包括以下几种情况：上平下不平，下平上不平，上下均不平，左平右不平，右平左不平，左右无不平。

如基础梁下部有高差，低跨的基础梁必须做成 45°或者 60°梁底台阶或者斜坡。

如基础梁有高差，不能贯通的纵筋必须相互锚固。

1）当基础下平上不平时，低跨的基础梁上部纵筋伸入高跨内一个 l_a：

$$高跨梁上部第一排纵筋弯折长度=高差值+l_a \tag{1-32}$$

2）当基础上平下不平时：

$$高跨基础梁下部纵筋伸入低跨梁=l_a$$

$$低跨梁下部第一排纵筋斜弯折长度=\frac{高差值}{\sin45°(60°)}+l_a \tag{1-33}$$

3）当基础梁上下均不平时，低跨的基础梁上部纵筋伸入高跨内一个 l_a：

$$高跨梁上部第一排纵筋弯折长度=高差值+l_a \tag{1-34}$$

$$高跨基础梁下部纵筋伸入低跨内长度=l_a \tag{1-35}$$

$$低跨梁下部第一排纵筋斜弯折长度=\frac{高差值}{\sin45°(60°)}+l_a \tag{1-36}$$

如支座两边基础梁宽不同或者梁不对齐，将不能拉通的纵筋伸入支座对边后弯折 15d；

如支座两边纵筋根数不同，可以将多出的纵筋伸入支座对边后弯折 $15d$。

（9）基础梁侧腋钢筋翻样

除了基础梁比柱宽且完全形成梁包柱的情形外，基础梁必须加腋，加腋的钢筋直径不小于 12mm 并且不小于柱箍筋直径，间距同柱箍筋间距。在加腋筋内侧梁高位置布置分布筋 $\phi 8$ @200。

$$\text{加腋纵筋长度} = \sum \text{侧腋边净长} + 2 \times l_a \tag{1-37}$$

（10）基础梁竖向加腋钢筋翻样

加腋上部斜纵筋根数＝梁下部纵筋根数－1，且不少于两根，并插空放置。其箍筋与梁端部箍筋相同。

$$\text{箍筋根数} = 2 \times \frac{1.5 \times h_b}{\text{加密区间距}} + \frac{l_n - 3h_b - 2 \times c_1}{\text{非加密区间距}} - 1 \tag{1-38}$$

$$\text{加腋区箍筋根数} = \frac{c_1 - 50}{\text{箍筋加密区间距}} + 1 \tag{1-39}$$

$$\text{加腋区箍筋理论长度} = 2 \times b + 2 \times (2 \times h + c_2) - 8 \times c + 2 \times 11.9d + 8d \tag{1-40}$$

$$\text{加腋区箍筋下料长度} = 2 \times b + 2 \times (2 \times h + c_2) - 8 \times c + 2 \times 11.9d + 8d - 3 \times 1.75d \tag{1-41}$$

$$\text{加腋区箍筋最长预算长度} = 2 \times (b + h + c_2) - 8 \times c + 2 \times 11.9d + 8d \tag{1-42}$$

$$\text{加腋区箍筋最长下料长度} = 2 \times (b + h + c_2) - 8 \times c + 2 \times 11.9d + 8d - 3 \times 1.75d \tag{1-43}$$

$$\text{加腋区箍筋最短预算长度} = 2 \times (b + h) - 8 \times c + 2 \times 11.9d + 8d \tag{1-44}$$

$$\text{加腋区箍筋最短下料长度} = 2 \times (b + h) - 8 \times c + 2 \times 11.9d + 8d - 3 \times 1.75d \tag{1-45}$$

$$\text{加腋区箍筋总长缩尺量差} = \frac{\text{加腋区箍筋中心线最长长度} - \text{加腋区箍筋中心线最短长度}}{\text{加腋区箍筋数量}} - 1 \tag{1-46}$$

$$\text{加腋区箍筋高度缩尺量差} = 0.5 \times \frac{\text{加腋区箍筋中心线最长长度} - \text{加腋区箍筋中心线最短长度}}{\text{加腋区箍筋数量}} - 1 \tag{1-47}$$

$$\text{加腋纵筋长度} = \sqrt{c_1^2 + c_2^2} + 2 \times l_a \tag{1-48}$$

◆ 基础次梁钢筋翻样计算

（1）基础次梁纵筋

1）当基础次梁无外伸时

$$\text{上部贯通筋长度} = \text{梁净跨长} + \text{左 max}(12d, 0.5h_b) + \text{右 max}(12d, 0.5h_b) \tag{1-49}$$

$$\text{下部贯通筋长度} = \text{梁净跨长} + 2 \times l_a \tag{1-50}$$

2）当基础次梁外伸时

$$\text{上部贯通筋长度} = \text{梁长} - 2 \times \text{保护层厚度} + \text{左弯折} 12d + \text{右弯折} 12d \tag{1-51}$$

$$\text{下部贯通筋长度} = \text{梁长} - 2 \times \text{保护层厚度} + \text{左弯折} 12d + \text{右弯折} 12d \tag{1-52}$$

（2）基础次梁非贯通筋

1）基础次梁无外伸时

$$\text{下部端支座非贯通钢筋长度} = 0.5b_b + \max\left(\frac{l_n}{3}, 1.2l_a + h_b + 0.5b_b\right) + 12d \tag{1-53}$$

$$\text{下部中间支座非贯通钢筋长度} = \max\left(\frac{l_n}{3}, 1.2l_a + h_b + 0.5b_b\right) \times 2 \tag{1-54}$$

式中　l_n——左跨和右跨之较大值（mm）；

　　　h_b——基础次梁截面高度（mm）；

　　　b_b——基础主梁宽度（mm）；

　　　c——基础梁保护层厚度（mm）。

2）基础次梁外伸时

$$下部端支座非贯通钢筋长度=外伸长度\ l+\max\left(\frac{l_n}{3},1.2l_a+h_b+0.5b_b\right)+12d \qquad (1-55)$$

$$下部端支座非贯通第二排钢筋长度=外伸长度\ l+\max\left(\frac{l_n}{3},1.2l_a+h_b+0.5b_b\right) \qquad (1-56)$$

$$下部中间支座非贯通钢筋长度=\max\left(\frac{l_n}{3},1.2l_a+h_b+0.5b_b\right)\times2 \qquad (1-57)$$

（3）基础次梁侧面纵筋算法

$$梁侧面筋根数=2\times\left(\frac{梁高\ h-保护层厚度-筏板厚\ b}{梁侧面筋间距}-1\right) \qquad (1-58)$$

$$梁侧面构造纵筋长度=l_{n1}+2\times15d \qquad (1-59)$$

（4）基础次梁架立筋算法

由于梁下部贯通筋的根数少于箍筋的肢数时在梁的跨中$\frac{1}{3}$跨度范围内须设置架立筋用来固定箍筋，架立筋与支座负弯矩钢筋搭接150mm。

$$基础梁首跨架立筋长度=l_1-\max\left(\frac{l_1}{3},1.2l_a+h_b+0.5b_b\right)$$
$$-\max\left(\frac{l_1}{3},\frac{l_2}{3},1.2l_a+h_b+0.5b_b\right)+2\times150 \qquad (1-60)$$

$$基础梁中间跨架立筋长度=l_{n2}-\max\left(\frac{l_1}{3},\frac{l_2}{3},1.2l_a+h_b+0.5b_b\right)$$
$$-\max\left(\frac{l_2}{3},\frac{l_3}{3},1.2l_a+h_b+0.5b_b\right)+2\times150 \qquad (1-61)$$

式中　l_1——首跨轴线到轴线长度（mm）；

　　　l_2——第二跨轴线到轴线长度（mm）；

　　　l_3——第三跨轴线到轴线长度（mm）；

　　　l_n——中间第 n 跨轴线到轴线长度（mm）；

　　　l_{n2}——中间第 2 跨轴线到轴线长度（mm）。

（5）基础次梁拉筋算法

$$梁侧面拉筋根数=侧面筋道数\ n\times\left(\frac{l_n-50\times2}{非加密区间距的\ 2\ 倍}+1\right) \qquad (1-62)$$

$$梁侧面拉筋长度=（梁宽\ b-保护层厚度\ c\times2）+4d+2\times11.9d \qquad (1-63)$$

（6）基础次梁箍筋算法

$$箍筋根数=\sum 根数\ 1+根数\ 2+\frac{梁净长-2\times50-（根数\ 1-1）\times间距\ 1-（根数\ 2-1）\times间距\ 2}{间距\ 3}-1$$
$$(1-64)$$

当设计未注明加密箍筋范围时：

$$箍筋加密区长度\ L_1=\max(1.5\times h_b,500) \qquad (1-65)$$

$$箍筋根数 = 2 \times \left(\frac{L_1 - 50}{加密区间距} + 1 \right) + \frac{l_n - 2 \times L_1}{非加密区间距} - 1 \qquad (1-66)$$

$$箍筋预算长度 = (b + h) \times 2 - 8 \times c + 2 \times 11.9d + 8d \qquad (1-67)$$

$$箍筋下料长度 = (b + h) \times 2 - 8 \times c + 2 \times 11.9d + 8d - 3 \times 1.75d \qquad (1-68)$$

$$内箍预算长度 = \left[\left(\frac{b - 2 \times c - D}{n} - 1 \right) \times j + d \right] \times 2 + 2 \times (h - c) + 2 \times 11.9d + 8d \qquad (1-69)$$

$$内箍下料长度 = \left[\left(\frac{b - 2 \times c - D}{n} - 1 \right) \times j + d \right] \times 2 + 2 \times (h - c) + 2 \times 11.9d + 8d - 3 \times 1.75d$$
$$(1-70)$$

式中　b——梁宽度（mm）；

　　　c——梁侧保护层厚度（mm）；

　　　D——梁纵筋直径（mm）；

　　　n——梁箍筋肢数（mm）；

　　　j——内箍包含的主筋孔数（mm）；

　　　d——梁箍筋直径（mm）。

（7）变截面基础次梁钢筋算法

梁变截面有几种情况：上平下不平，下平上不平，上下均不平，左平右不平，右平左不平，左右无不平。

当基础梁下部有高差时，低跨的基础梁必须做成45°或60°梁底台阶或斜坡。

当基础梁有高差时，不能贯通的纵筋必须相互锚固。

当基础下平上不平时：

低跨梁上部纵筋伸入基础主梁内 $\max(12d, 0.5h_b)$；

高跨梁上部纵筋伸入基础主梁内 $\max(12d, 0.5h_b)$。

当基础上平下不平时：

高跨的基础梁下部纵筋伸入高跨内长度 $= l_a$

$$低跨梁下部第一排纵筋斜弯折长度 = \frac{高差值}{\sin 45°(60°)} + l_a \qquad (1-71)$$

当基础梁上下均不平时：

低跨梁上部纵筋伸入基础主梁内 $\max(12d, 0.5h_b)$；

高跨梁上部纵筋伸入基础主梁内 $\max(12d, 0.5h_b)$。

高跨的基础梁下部纵筋伸入高跨内长度 $= l_a$

$$低跨梁下部第一排纵筋斜弯折长度 = \frac{高差值}{\sin 45°(60°)} + l_a \qquad (1-72)$$

当支座两边基础梁宽不同或梁不对齐时，将不能拉通的纵筋伸入支座对边后弯折 $15d$；

当支座两边纵筋根数不同时，可将多出的纵筋伸入支座对边后弯折 $15d$。

◆**梁板式筏形基础底板钢筋翻样**

（1）端部无外伸构造

$$底部贯通筋长度 = 筏板长度 - 2 \times 保护层厚度 + 弯折长度 2 \times 15d \qquad (1-73)$$

即使底部锚固区水平段长度满足不小于 $0.4l_a$ 时，底部纵筋也必须伸至基础梁箍筋内侧。

$$上部贯通筋长度 = 筏板净跨长 + \max(12d, 0.5h_c) \qquad (1-74)$$

（2）端部有外伸构造

$$底部贯通筋长度＝筏板长度－2×保护层厚度＋弯折长度 \qquad (1-75)$$
$$上部贯通筋长度＝筏板长度－2×保护层厚度＋弯折长度 \qquad (1-76)$$

弯折长度算法：

1）弯钩交错封边构造如图 1-11 所示，钢筋排布构造如图 1-12 所示。

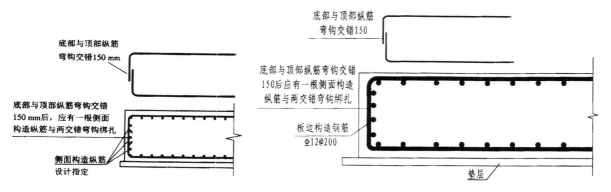

图 1-11　弯钩交错封边构造　　　　　图 1-12　纵筋弯钩交错封边排布构造

$$弯折长度＝\frac{筏板高度}{2}－保护层厚度＋75 \qquad (1-77)$$

2）U 形封边构造如图 1-13 所示，钢筋排布构造如图 1-14 所示。

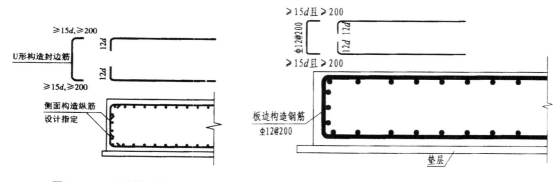

图 1-13　U 形封边构造　　　　　图 1-14　U 形筋构造封边排布构造

$$弯折长度＝12d$$
$$U 形封边长度＝筏板高度－2×保护层厚度＋2×12d$$
$$(1-78)$$

3）无封边构造如图 1-15 所示。

$$弯折长度＝12d$$
$$中层钢筋网片长度＝筏板长度－2×保护层厚度＋2×12d$$
$$(1-79)$$

（3）梁板式筏形基础平板变截面钢筋翻样

筏板变截面包括以下几种情况：板底有高差，板顶有高差，板底、板顶均有高差。

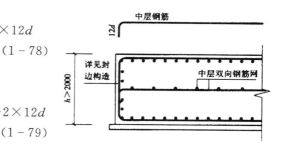

图 1-15　无封边构造

如筏板下部有高差，低跨的筏板必须做成45°或者60°梁底台阶或者斜坡。

如筏板梁有高差，不能贯通的纵筋必须相互锚固。

1）基础筏板板顶有高差构造如图1-16所示，钢筋排布构造如图1-17所示。

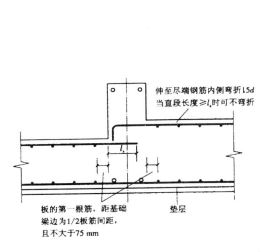

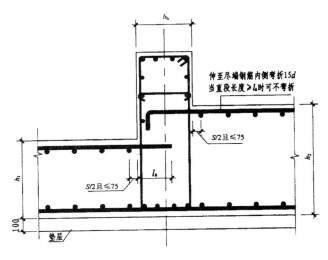

图1-16　基础筏板板顶有高差构造　　　　图1-17　板顶有高差时变截面部位钢筋排布构造

$$低跨筏板上部纵筋伸入基础梁内长度＝\max(12d, 0.5h_b) \qquad (1-80)$$
$$高跨筏板上部纵筋伸入基础梁内长度＝\max(12d, 0.5h_b) \qquad (1-81)$$

2）板底有高差构造如图1-18所示，钢筋排布构造如图1-19所示。

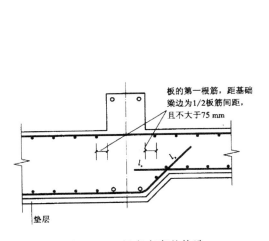

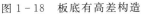

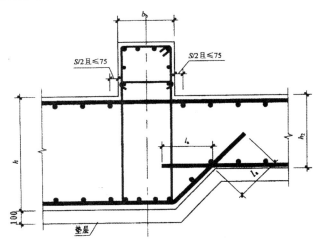

图1-18　板底有高差构造　　　　图1-19　板底有高差时变截面部位钢筋排布构造

$$高跨基础筏板下部纵筋伸入高跨内长度＝l_a$$
$$低跨基础筏板下部纵筋斜弯折长度＝\frac{高差值}{\sin 45°(60°)}+l_a \qquad (1-82)$$

3）板顶、板底均有高差构造如图1-20所示，钢筋排布构造如图1-21所示。

低跨基础筏板上部纵筋伸入基础主梁内 $\max(12d, 0.5h_b)$。

高跨基础筏板上部纵筋伸入基础主梁内 $\max(12d, 0.5h_b)$。

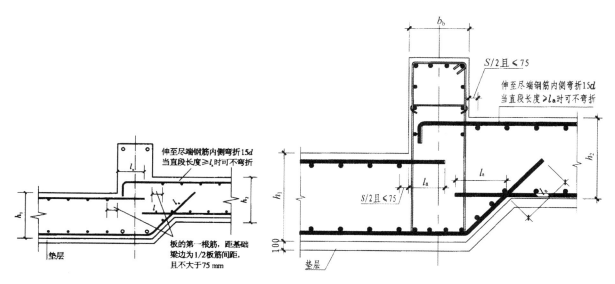

图 1-20 板顶、板底均有高差构造　　　　图 1-21 板顶、板底均有高差时变截面部位钢筋排布构造

高跨的基础筏板下部纵筋伸入高跨内长度$=l_a$

$$低跨的基础筏板下部纵筋斜弯折长度 = \frac{高差值}{\sin 45°(60°)} + l_a \qquad (1-83)$$

◆ **平板式筏形基础底板钢筋翻样**

平板式筏基相当于无梁板，是无梁基础底板。

（1）端部无外伸时

端部无外伸时，如图 1-22 所示。

板边缘遇墙身或柱时：

$$底部贯通筋长度 = 筏板长度 - 2 \times 保护层厚度 + 弯折长度 2$$
$$\times \max(1.7l_a, 筏板高度 h - 保护层厚度) \qquad (1-84)$$

其他部位按侧面封边构造：

$$上部贯通筋长度 = 筏板净跨长 + \max(边柱宽 + 15d, l_a) \qquad (1-85)$$

（2）端部外伸时

平板式筏基钢筋长度如图 1-23 所示。

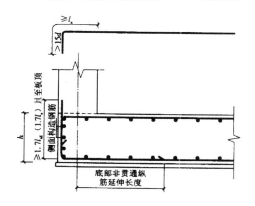

图 1-22 平板式筏基钢筋长度计算（端部无外伸）

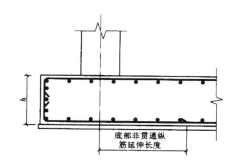

图 1-23 平板式筏基钢筋长度（端部外伸）

$$底部贯通筋长度＝筏板长度－2×保护层厚度＋弯折长度 \quad (1-86)$$

$$上部贯通筋长度＝筏板长度－2×保护层厚度＋弯折长度 \quad (1-87)$$

弯折长度算法：

第一种弯钩交错封边时：

$$弯折长度＝\frac{筏板高度}{2}－保护层厚度＋75(\text{mm}) \quad (1-88)$$

第二种 U 形封边构造时：

$$弯折长度＝12d$$

$$U 形封边长度＝筏板高度－2×保护层厚度＋12d＋12d \quad (1-89)$$

第三种无封边构造时：

$$弯折长度＝12d$$

$$中层钢筋网片长度＝筏板长度－2×保护层厚度＋2×12d \quad (1-90)$$

（3）平板式筏形基础变截面钢筋算法

平板式筏板变截面有几种情况：板顶有高差，板底有高差，板顶、板底均有高差。当平板式筏形基础下部有高差时，低跨的基础梁必须做成 45°或 60°梁底台阶或斜坡。当平板式筏形基础有高差时，不能贯通的纵筋必须相互锚固。

1）当筏板顶有高差时（图 1-24），低跨的筏板上部纵筋伸入高跨内一个 l_a。

$$高跨筏板上部第一排纵筋弯折长度＝高差值＋l_a \quad (1-91)$$

2）当筏板底有高差时（图 1-25）：

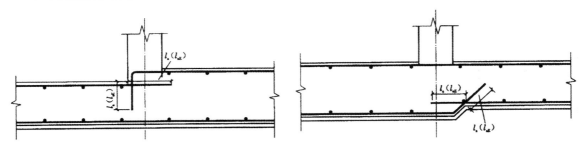

图 1-24　筏板顶有高差　　　　　　　　图 1-25　筏板底有高差

高跨的筏板下部纵筋伸入高跨内长度＝l_a

$$低跨的筏板下部第一排纵筋斜弯折长度＝\frac{高差值}{\sin 45°(60°)}＋l_a \quad (1-92)$$

3）当基础筏板顶、板底均有高差时（图 1-26），低跨的筏板上部纵筋伸入高跨内一个 l_a。

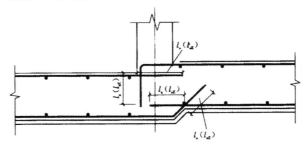

图 1-26　筏板顶、板底均有高差

$$高跨筏板上部第一排纵筋弯折长度＝高差值＋l_a \tag{1-93}$$
$$高跨的筏板下部纵筋伸入高跨内长度＝l_a$$

$$低跨的筏板下部第一排纵筋斜弯折长度＝\frac{高差值}{\sin45°(60°)}+l_a \tag{1-94}$$

（4）筏形基础拉筋算法

$$拉筋长度＝筏板高度－上下保护层＋2×11.9d＋2d \tag{1-95}$$

$$拉筋根数＝\frac{筏板净面积}{拉筋\ X\ 方向间距×拉筋\ Y\ 方向间距} \tag{1-96}$$

（5）筏形基础马凳筋算法

$$马凳筋长度＝上平直段长＋2×下平直段长度＋筏板高度－上下保护层$$
$$-\Sigma（筏板上部纵筋直径＋筏板底部最下层纵筋直径） \tag{1-97}$$

$$马凳筋根数＝\frac{筏板净面积}{间距×间距} \tag{1-98}$$

马凳筋间距一般为 1000mm。

【实例】

【例 1-2】　某工程平面图是轴线为 5000mm 的正方形，四角为 KZ1（500mm×500mm）轴线正中，基础梁 JL1 截面尺寸为 600mm×900mm，混凝土强度等级为 C20。

基础梁纵筋：底部和顶部贯通纵筋均为 7 $\underline{\Phi}$ 25，侧面构造钢筋为 8 $\underline{\Phi}$ 12。

基础梁箍筋：11ϕ10@100/200(4)。

试计算基础主梁纵筋长度。

【解】

按图 1-27 计算基础梁 JL1：

基础主梁的长度计算到相交的基础主梁的外皮为 5000＋300×2＝5600mm，因此，基础主梁纵筋长度为：5600－30×2＝5540（mm）。

【例 1-3】　梁板式筏形基础平板 LPB1 每跨的轴线跨度为 5000mm，该方向布置的底部贯通纵筋为 ϕ14@150，两端的基础梁 JL1 的截面尺寸为 500mm×900mm，纵筋直径为 22mm，基础梁的混凝土强度等级为 C25。试计算基础平板 LPB1 每跨的底部贯通纵筋根数。

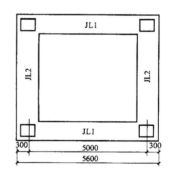

图 1-27　基础主梁的梁长计算

【解】

梁板式筏形基础平板 LPB1 每跨的轴线跨度为 5000mm，即两端的基础梁 JL1 的中心线之间的距离为 5000mm。

两端的基础梁 JL1 的梁角筋中心线之间的距离为：$5000-250×2+22×2+\frac{22}{2}×2=4566$（mm），因此，底部贯通纵筋根数为：$\frac{4566}{150}≈31$（根）。

【例 1-4】　计算如图 1-28 所示 LPB01 中的钢筋预算量。

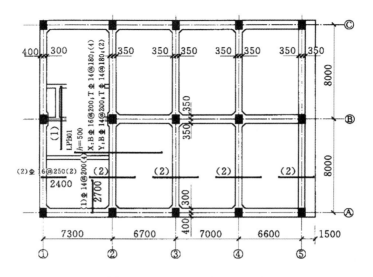

图 1-28 LPB01 平法施工图

注：外伸端采用 U 形封边构造，U 形钢筋为 $\Phi 20@300$，封边外侧部构造筋为 $2\,\Phi 8$。

【解】

保护层厚为 40mm，锚固长度 $L_a=30d$，不考虑接头。

（1）X 向底部贯通筋

单根长度 $L=7300+6700+7000+6600+1500+400-40-20+15\times16-40+12\times16$
$=29832$（mm）

根数 $n=\dfrac{8000\times2+400\times2-\min\left(\dfrac{200}{2},75\right)\times2}{200}+1=85$（根）

（2）Y 向底部贯通筋

单根长度 $L=8000\times2+400\times2-80-20\times2+15\times14\times2=17100$（mm）

根数：

①～②根数 $=\dfrac{7300-650-2\times75}{200}+1=34$（根）

②～③根数 $=\dfrac{6700-700-2\times75}{200}+1=31$（根）

③～④根数 $=\dfrac{7300-650-2\times75}{200}+1=32$（根）

④～⑤根数 $=\dfrac{6700-700-2\times75}{200}+1=30$（根）

外伸部分 $=\dfrac{1500-350-2\times75}{200}+1=6$（根）

总根数 $n=34+31+32+30+6=133$（根）

（3）X 向顶部贯通筋

单根长度 $L=7300+6700+7000+6600+1500-300+\max\left(12\times14,\dfrac{700}{2}\right)-40+12\times14$
$=29278$（mm）

根数 $n = \left(\dfrac{8000-650-75\times2}{180}+1\right)\times2 = 82$ （根）

（4）Y 向顶部贯通筋

单根长度 $L = 8000\times2-600+\max\left(12\times14, \dfrac{700}{2}\right)\times2 = 16100$ （mm）

根数：

①～②根数 $= \dfrac{7300-650-2\times75}{180}+1 = 38$ （根）

②～③根数 $= \dfrac{6700-700-2\times75}{180}+1 = 34$ （根）

③～④根数 $= \dfrac{7000-650-2\times75}{180}+1 = 35$ （根）

④～⑤根数 $= \dfrac{6600-700-2\times75}{180}+1 = 33$ （根）

外伸部分 $= \dfrac{1500-350-2\times75}{180}+1 = 7$ （根）

总根数 $n = 38+34+35+33+7 = 148$ （根）

（5）①号非贯通筋

1）A 和 C 轴线处①号筋

单根长度 $L = 2700+350-40-20+15\times14 = 3200$ （mm）

根数：

①～②根数 $= \left(\dfrac{7300-650-2\times75}{200}+1\right)\times2 = 68$ （根）

②～③根数 $= \left(\dfrac{6700-700-2\times75}{200}+1\right)\times2 = 62$ （根）

③～④根数 $= \left(\dfrac{7000-700-2\times75}{200}+1\right)\times2 = 64$ （根）

④～⑤根数 $= \left(\dfrac{6600-700-2\times75}{200}+1\right)\times2 = 60$ （根）

总根数 $n = 68+62+64+60 = 254$ （根）

2）B 轴线处①号筋

单根长度 $L = 2700\times2 = 5400$ （mm）

①～②根数 $= \dfrac{7300-650-2\times75}{200}+1 = 34$ （根）

②～③根数 $= \dfrac{6700-700-2\times75}{200}+1 = 31$ （根）

③～④根数 $= \dfrac{7000-700-2\times75}{200}+1 = 32$ （根）

④～⑤根数 $= \dfrac{6600-700-2\times75}{200}+1 = 30$ （根）

总根数 $n = 34+31+32+30 = 127$ （根）

（6）②号非贯通筋

1）①轴线处的②号非贯通筋

单根长度 $L = 2400 + 350 - 40 - 20 + 15 \times 16 = 2930$ （mm）

根数 $n = \left(\dfrac{8000 - 650 - 2 \times 75}{250} + 1 \right) \times 2 = 60$ （根）

2）②～④轴线处的②号非贯通筋

单根长度 $L = 2400 \times 2 = 4800$ （mm）

根数 $n = \left(\dfrac{8000 - 650 - 2 \times 75}{250} + 1 \right) \times 6 = 180$ （根）

3）⑤轴线处的②号非贯通筋

单根长度 $L = 2400 + 1500 - 40 + 12 \times 16 = 4025$ （mm）

根数 $n = \left(\dfrac{8000 - 650 - 2 \times 75}{250} + 1 \right) \times 2 = 60$ （根）

（7）U 形封边钢筋

单根长度 $L = 500 - 40 \times 2 + \max(15 \times 20, 200) \times 2 = 1020$ （mm）

根数 $n = \dfrac{8000 \times 2 + 400 \times 2 - 40 \times 2 - 20 \times 2}{300} + 1 = 57$ （根）

【例 1－5】 梁板式筏形基础平板在 X 方向上有 7 跨，而且两端有外伸。

在 X 方向上的第一跨上有集中标注：

LPB1　$h = 400$mm，

X：B ⊈ 14 @300；T ⊈ 14 @300；（4A），

Y：略。

在 X 方向的第五跨上有集中标注：

LPB2　$h = 400$mm，

X：B ⊈ 12 @300；T ⊈ 12 @300；（4A），

Y：略。

在第 1 跨标注了底部附加非贯通纵筋① ⊈ 14@300 （4A），

在第 5 跨标注了底部附加非贯通纵筋② ⊈ 14@300 （3A），

原位标注的底部附加非贯通纵筋跨内伸出长度为 1800mm。

基础平板 LPB3 每跨的轴线跨度均为 5000mm，两端的伸出长度为 1000mm。混凝土强度等级为 C20。

【解】

（1）（第五跨）底部贯通纵筋连接区长度 $= 5000 - 1800 - 1800 = 1400$ （mm）

底部贯通纵筋连接区的起点为非贯通纵筋的端点，即（第 5 跨）底部贯通纵筋连接区的起点是⑤号轴线以右 1800mm 处。

（2）第一跨至第四跨的底部贯通纵筋① ⊈ 14 钢筋越过第四跨与第五跨的分界线（⑤号轴线）以右 1800mm 处，伸入第 5 跨的跨中连接区与第 5 跨的底部贯通纵筋② ⊈ 12 进行搭接。

（3）搭接长度的计算：

① ⊈ 14 钢筋与② ⊈ 12 钢筋的搭接长度 $= 1.4 \times l_a = 1.4 \times 39d = 1.4 \times 39 \times 12 = 655$ （mm）

（4）外伸部位的贯通纵筋长度 $= 1000 - 40 = 960$ （mm）

（5）① ⊈ 14 钢筋的长度：

第一个搭接点位置钢筋长度 $= 960 + 5000 \times 4 + 1800 + 655 = 23415$ （mm）

第二个搭接点位置钢筋长度＝23415＋1.3l_l＝23415＋1.3×655＝24267（mm）

（6）②Φ12 钢筋长度：

钢筋长度 1 ＝1400＋1800＋5000×2＋960＝14160（mm）

钢筋长度 2 ＝14160－850＝13310（mm）

【例 1－6】 JL03 平法施工图，如图 1－29 所示。求 JL03 的底部贯通纵筋、顶部贯通纵筋及非贯通纵筋。

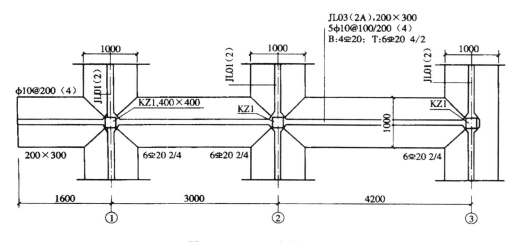

图 1－29 JL03 平法施工图

【解】

（1）底部贯通纵筋 4 Φ 20

纵筋长度＝（3000＋4200＋1600＋200＋50）－2×25＋2×15×20＝9600（mm）

（2）顶部贯通纵筋上排 4 Φ 20

纵筋长度＝（3000＋4200＋1600＋200＋50）－2×25＋12×20＋15×20＝9540（mm）

（3）顶部贯通纵筋下排 2 Φ 20

$$\text{纵筋长度}＝3000＋4200＋（200＋50－20＋12d）－200＋29d$$
$$＝3000＋4200＋（200＋50－25＋12×20）－200＋29×20$$
$$＝8045（\text{mm}）$$

（4）箍筋

1）外大箍筋长度＝（200－2×25）×2＋（300－2×25）×2＋2×11.9×10＝1038（mm）

2）内小箍筋长度＝$\left(\dfrac{200－2×25－20－20}{3}＋20＋20\right)×2＋（300－2×25）×2＋2×11.9×10$

$$＝892（\text{mm}）$$

3）箍筋根数

第一跨：5×2＋7＝17（根）；

两端各 5ϕ10；

中间箍筋根数＝$\dfrac{3000－200×2－50×2－100×5×2}{200}－1＝7$（根）

第二跨：5×2＋13＝23（根）；

两端各 5ϕ10；

$$中间箍筋根数 = \frac{4200 - 200 \times 2 - 50 \times 2 - 100 \times 5 \times 2}{200} - 1 = 13（根）$$

$$节点内箍筋根数 = \frac{400}{100} = 4（根）$$

$$外伸部位箍筋根数 = \frac{1600 - 200 - 50 \times 2}{200} + 1 = 9（根）$$

JL03 箍筋总根数为：

外大箍筋根数 = 17 + 23 + 4 × 4 + 9 = 65（根）

内小箍筋根数 = 65（根）

（5）底部外伸端非贯通纵筋 2 Φ 20（位于上排）

$$纵筋长度 = 延伸长度 \max\left(\frac{l_n}{3}, l'_n\right) + 伸至端部 = 1200 + 1600 + 200 - 25 = 2975（mm）$$

（6）底部中间柱下区域非贯通筋 2 Φ 20（位于下排）

$$非贯通筋长度 = 2 \times \frac{l_n}{3} + 柱宽 = 2 \times \frac{4200 - 400}{3} + 400 = 1667（mm）$$

（7）底部右端（非外伸端）非贯通筋 2 Φ 20

$$非贯通筋长度 = 延伸长度 \frac{l_n}{3} + 伸至端部$$

$$= \frac{4200 - 400}{3} + 400 + 50 - 25 + 15d$$

$$= \frac{4200 - 400}{3} + 400 + 50 - 25 + 15 \times 20$$

$$= 1992（mm）$$

【例 1 - 7】 JL01 平法施工图，如图 1 - 30 所示。求 JL01 的顶部及底部配筋。

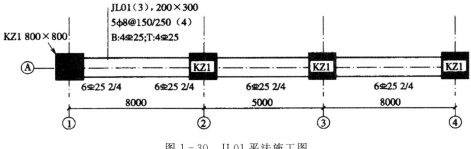

图 1 - 30 JL01 平法施工图

【解】

（1）底部及顶部贯通筋 4 Φ 25

$$贯通筋长度 = 2 \times (梁长 - 保护层) + 2 \times 15d$$

$$= 2 \times (8000 \times 2 + 5000 + 2 \times 50 + 2 \times 800 - 40) + 2 \times 15 \times 25$$

$$= 44470（mm）$$

（2）支座 1、4 底部非贯通纵筋 2 Φ 25

非贯通纵筋长度 = 自柱边缘向跨内的延伸长度 + 柱宽 + 梁包柱侧腋 + 15d

$$自柱边缘向跨内的延伸长度 = \frac{l_n}{3} = \frac{8000 - 800}{3} = 2400（mm）$$

总长度 $=2400+h_c+$ 梁包柱侧腋 $-c+15d=2400+800+50-40+15\times25=3585$（mm）

（3）支座 2、3 底部非贯通纵筋 2 Φ 25

非贯通纵筋长度 $=$ 柱边缘向跨内延伸长度 $\times2+$ 柱宽 $=2\times\dfrac{8000-800}{3}+800=2\times2400+800$
$=5600$（mm）

【例 1-8】 JL03 平法施工图，如图 1-31 所示。求 JL03 的顶部贯通纵筋、底部贯通及非贯通纵筋及箍筋。

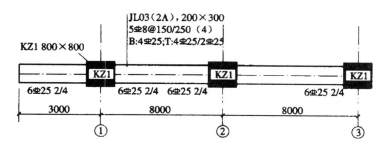

图 1-31 JL03 平法施工图

【解】

（1）底部和顶部第一排贯通纵筋 4 Φ 25

$$\begin{aligned}\text{贯通纵筋长度} &=（梁长-保护层）+12d+15d\\&=(8000\times2+400+3000+50-50)+12\times25+15\times25\\&=20075（\text{mm}）\end{aligned}$$

（2）支座 1 底部非贯通纵筋 2 Φ 25

非贯通纵筋长度 $=$ 自柱边缘向跨内的延伸长度 $+$ 外伸端长度 $+$ 柱宽

自柱边缘向跨内的延伸长度 $=\max\left(\dfrac{l_n}{3},\ l'_n\right)=\max\left(\dfrac{8000-800}{3},\ 3000-400\right)=2600$（mm）

外伸端长度 $=3000-400-25=2575$mm（位于上排，外伸端不弯折）

总长度 $=2600+2575+800=5975$（mm）

（3）支座 2 底部非贯通纵筋 2 Φ 25

非贯通纵筋长度 $=$ 两端延伸长度 $+$ 柱宽 $=2\times\dfrac{l_n}{3}+h_c=2\times\dfrac{8000-800}{3}+800=5600$（mm）

（4）支座 3 底部非贯通纵筋 2 Φ 25

自柱边缘向跨内的延伸长度 $=\dfrac{l_n}{3}=\dfrac{8000-800}{3}=2400$（mm）

$$\begin{aligned}\text{长度} &=自柱边缘向跨内的延伸长度+（柱宽+梁包柱侧腋-c）+15d\\&=2400+(800+50-25)+15\times25\\&=3600(\text{mm})\end{aligned}$$

2

柱构件钢筋翻样

2.1 框架柱顶层钢筋翻样

【翻样方法】

◆中柱顶层钢筋翻样

（1）直锚长度$<L_{aE}$（L_a）

1）抗震情况（图 2-1）：

①加工尺寸：

a. 绑扎搭接：

长筋：

$$L_1 = H_n - \max\left(\frac{H_n}{6}, h_c, 500\right) + 0.5L_{aE}（且伸至柱顶） \quad (2-1)$$

短筋：

$$L_1 = H_n - \max\left(\frac{H_n}{6}, h_c, 500\right) - 1.3L_{lE} + 0.5L_{aE}（且伸至柱顶） \quad (2-2)$$

b. 焊接连接（机械连接与其类似）：

长筋：

$$L_1 = H_n - \max\left(\frac{H_n}{6}, h_c, 500\right) + 0.5L_{aE}（且伸至柱顶） \quad (2-3)$$

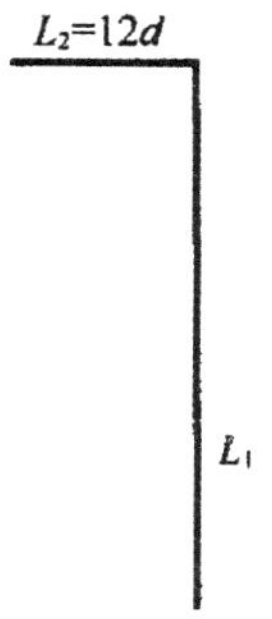

短筋：

$$L_1 = H_n - \max\left(\frac{H_n}{6}, h_c, 500\right) - \max(500, 35d) + 0.5L_{aE}（且伸至柱顶） \quad (2-4)$$

②下料长度：

$$L = L_1 + L_2 - 90°量度差值 \quad (2-5)$$

2）非抗震情况：

① 绑扎搭接加工尺寸：

长筋：

$$L_1 = H_n + 0.5L_a（且伸至柱顶） \quad (2-6)$$

短筋：

$$L_1 = H_n - 1.3L_1 + 0.5L_a（且伸至柱顶） \quad (2-7)$$

②焊接连接加工尺寸（机械连接与其类似）：

长筋：

图 2-1 抗震情况时的加工尺寸

（图中标注：$L_2 = 12d$，L_1）

$$L_1 = H_n - 500 + 0.5L_a (且伸至柱顶) \tag{2-8}$$

短筋:

$$L_1 = H_n - 500 - \max(500, 35d) + 0.5L_a (且伸至柱顶) \tag{2-9}$$

$$L_2 = 12d \tag{2-10}$$

(2)直锚长度≥L_{aE}(L_a)

1)抗震情况:

①绑扎搭接加工尺寸:

长筋:

$$L = H_n - \max\left(\frac{H_n}{6}, h_c, 500\right) + L_{aE} (且伸至柱顶) \tag{2-11}$$

短筋:

$$L = H_n - \max\left(\frac{H_n}{6}, h_c, 500\right) - 1.3L_{lE} + L_{aE} (且伸至柱顶) \tag{2-12}$$

②焊接连接加工尺寸(机械连接与其类似):

长筋:

$$L = H_n - \max\left(\frac{H_n}{6}, h_c, 500\right) + L_{aE} (且伸至柱顶) \tag{2-13}$$

短筋:

$$L = H_n - \max\left(\frac{H_n}{6}, h_c, 500\right) - \max(500, 35d) + L_{aE} (且伸至柱顶) \tag{2-14}$$

2)非抗震情况:

① 加工尺寸:

a. 绑扎搭接:

长筋:

$$L = H_n + L_a (且伸至柱顶) \tag{2-15}$$

短筋:

$$L = H_n - 1.3L_l + L_a (且伸至柱顶) \tag{2-16}$$

b. 焊接连接(机械连接与其类似):

长筋:

$$L = H_n - 500 + L_a (且伸至柱顶) \tag{2-17}$$

短筋:

$$L = H_n - 500 - \max(500, 35d) + L_a (且伸至柱顶) \tag{2-18}$$

②下料长度:

$$L = L_1 + L_2 - 90°量度差值 \tag{2-19}$$

◆边柱顶层钢筋翻样

(1)边柱顶筋加工尺寸

1)A节点形式。柱外侧筋,如图2-2所示。

①不少于柱外侧筋面积的65%伸入梁内:

a. 抗震情况:

(a)绑扎搭接:

图2-2 柱外侧筋

长筋：

$$L_1 = H_n - \max\left(\frac{H_n}{6}, h_c, 500\right) + 梁高 h - 梁筋保护层厚 \qquad (2-20)$$

短筋：

$$L_1 = H_n - \max\left(\frac{H_n}{6}, h_c, 500\right) - 1.3L_{lE} + 梁高 h - 梁筋保护层厚 \qquad (2-21)$$

（b）焊接连接（机械连接与其类似）：

长筋：

$$L_1 = H_n - \max\left(\frac{H_n}{6}, h_c, 500\right) + 梁高 h - 梁筋保护层厚 \qquad (2-22)$$

短筋：

$$L_1 = H_n - \max\left(\frac{H_n}{6}, h_c, 500\right) - \max(500, 35d) + 梁高 h - 梁筋保护层厚 \qquad (2-23)$$

绑扎搭接与焊接连接的 L_2 相同，即，

$$L_2 = 1.5L_{aE} - 梁高 h + 梁筋保护层厚 \qquad (2-24)$$

b. 非抗震情况：

（a）绑扎搭接：

长筋：

$$L_1 = H_n + 梁高 h - 梁筋保护层厚 \qquad (2-25)$$

短筋：

$$L_1 = H_n - 1.3L_{lE} + 梁高 h - 梁筋保护层厚 \qquad (2-26)$$

（b）焊接连接（机械连接与其类似）：

长筋：

$$L_1 = H_n - 500 + 梁高 h - 梁筋保护层厚 \qquad (2-27)$$

短筋：

$$L_1 = H_n - 500 - \max(500, 35d) + 梁高 h - 梁筋保护层厚 \qquad (2-28)$$

绑扎搭接与焊接连接的 L_2 相同，即，

$$L_2 = 1.5L_a - 梁高 h + 梁筋保护层厚 \qquad (2-29)$$

②其余（<35%）柱外侧纵筋伸至柱内侧弯下（图 2-3）：

a. 抗震情况：

（a）绑扎搭接：

长筋：

$$L_1 = H_n - \max\left(\frac{H_n}{6}, h_c, 500\right) + 梁高 h - 梁筋保护层厚 \qquad (2-30)$$

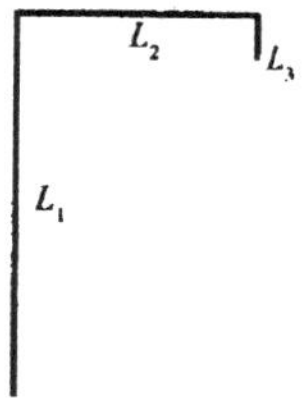

图 2-3 柱外侧纵筋
伸至柱内侧弯下

短筋：

$$L_1 = H_n - \max\left(\frac{H_n}{6}, h_c, 500\right) - 1.3L_{lE} + 梁高 h - 梁筋保护层厚 \qquad (2-31)$$

（b）焊接连接（机械连接与其类似）：

长筋：

$$L_1 = H_n - \max\left(\frac{H_n}{6}, h_c, 500\right) + 梁高\ h - 梁筋保护层厚 \tag{2-32}$$

短筋:

$$L_1 = H_n - \max\left(\frac{H_n}{6}, h_c, 500\right) - \max(500, 35d) + 梁高\ h - 梁筋保护层厚 \tag{2-33}$$

绑扎搭接与焊接连接的 L_2 相同,即,

$$L_2 = h_c - 2 \times 柱保护层厚 \tag{2-34}$$

$$L_3 = 8d \tag{2-35}$$

b. 非抗震情况:

(a) 绑扎搭接:

长筋:

$$L_1 = H_n + 梁高\ h - 梁筋保护层厚 \tag{2-36}$$

短筋:

$$L_1 = H_n - 1.3L_{lE} + 梁高\ h - 梁筋保护层厚 \tag{2-37}$$

(b) 焊接连接(机械连接与其类似):

长筋:

$$L_1 = H_n - 500 + 梁高\ h - 梁筋保护层厚 \tag{2-38}$$

短筋:

$$L_1 = H_n - 500 - \max(500, 35d) + 梁高\ h - 梁筋保护层厚 \tag{2-39}$$

绑扎搭接与焊接连接的 L_2 相同,即,

$$L_2 = h_c - 2 \times 柱保护层厚 \tag{2-40}$$

$$L_3 = 8d \tag{2-41}$$

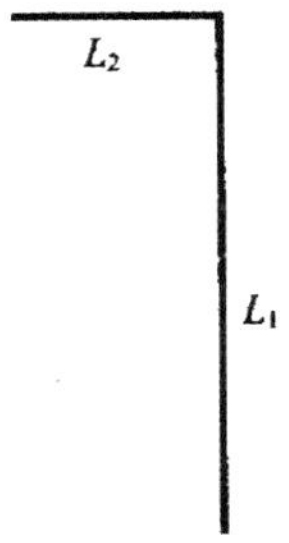

如果有第二层筋,L_1 取值为上述"L_1"减去 $(30+d)$;L_2 不变;无 L_3,即 $L_3 = 0$。

柱内侧筋,如图 2-4 所示。

③直锚长度$< L_{aE}$(L_a):

a. 抗震情况:

(a) 绑扎搭接:

长筋:

$$L_1 = H_n - \max\left(\frac{H_n}{6}, h_c, 500\right) + 梁高\ h - 梁筋保护层厚 - (30+d) \tag{2-42}$$

短筋:

$$L_1 = H_n - \max\left(\frac{H_n}{6}, h_c, 500\right) - 1.3L_{lE} + 梁高\ h - 梁筋保护层厚 - (30+d) \tag{2-43}$$

(b) 焊接连接(机械连接与其类似):

长筋:

$$L_1 = H_n - \max\left(\frac{H_n}{6}, h_c, 500\right) + 梁高\ h - 梁筋保护层厚 - (30+d) \tag{2-44}$$

短筋:

图 2-4 柱内侧筋

$$L_1 = H_n - \max\left(\frac{H_n}{6}, h_c, 500\right) - \max(500, 35d) + 梁高\ h - 梁筋保护层厚 - (30+d) \quad (2-45)$$

绑扎搭接与焊接连接的 L_2 相同，即，

$$L_2 = 12d \quad (2-46)$$

b. 非抗震情况：

（a）绑扎搭接：

长筋：

$$L_1 = H_n + 梁高\ h - 梁筋保护层厚 - (30+d) \quad (2-47)$$

短筋：

$$L_1 = H_n - 1.3L_{lE} + 梁高\ h - 梁筋保护层厚 - (30+d) \quad (2-48)$$

（b）焊接连接（机械连接与其类似）：

长筋：

$$L_1 = H_n - 500 + 梁高\ h - 梁筋保护层厚 - (30+d) \quad (2-49)$$

短筋：

$$L_1 = H_n - 500 - \max(500, 35d) + 梁高\ h - 梁筋保护层厚 - (30+d) \quad (2-50)$$

绑扎搭接与焊接连接的 L_2 相同，即，

$$L_2 = 12d \quad (2-51)$$

④ 直锚长度 $\geqslant L_{aE}$（L_a）（此时的 $L_2 = 0$）：

a. 抗震情况：

（a）绑扎搭接：

长筋：

$$L_1 = H_n - \max\left(\frac{H_n}{6}, h_c, 500\right) + L_{aE} \quad (2-52)$$

短筋：

$$L_1 = H_n - \max\left(\frac{H_n}{6}, h_c, 500\right) - 1.3L_{lE} + L_{aE} \quad (2-53)$$

（b）焊接连接（机械连接与其类似）：

长筋：

$$L_1 = H_n - \max\left(\frac{H_n}{6}, h_c, 500\right) + L_{aE} \quad (2-54)$$

短筋：

$$L_1 = H_n - \max\left(\frac{H_n}{6}, h_c, 500\right) - \max(500, 35d) + L_{aE} \quad (2-55)$$

b. 非抗震情况：

（a）绑扎搭接：

长筋：

$$L_1 = H_n + L_a \quad (2-56)$$

短筋：

$$L_1 = H_n - 1.3L_1 + L_a \quad (2-57)$$

（b）焊接连接（机械连接与其类似）：

长筋：

$$L_1 = H_n - 500 + L_a \tag{2-58}$$

短筋：

$$L_1 = H_n - 500 - \max(500, 35d) + L_a \tag{2-59}$$

柱另外两边中部筋的计算方法同柱内侧筋计算。

2）B 节点形式。当顶层为现浇板，其混凝土强度等级≥C20，板厚≥8mm 时采用该节点式，其顶筋的加工尺寸计算公式与 A 节点形式对应钢筋的计算公式相同。

3）C 节点形式。当柱外侧纵向钢筋配料率大于 1.2% 时，柱外侧纵筋分两次截断，那么柱外侧纵向钢筋长、短筋的 L_1 同 A 节点形式的柱外侧纵向钢筋长、短筋 L_1 计算。L_2 的计算方法为：

第一次截断：

$$L_2 = 1.5L_{aE}(L_a) - 梁高 h + 梁筋保护层厚 \tag{2-60}$$

第二次截断：

$$L_2 = 1.5L_{aE}(L_a) - 梁高 h + 梁筋保护层厚 + 20d \tag{2-61}$$

B、C 节点形式其他柱内纵筋加工长度计算同 A 节点形式的对应筋。

4）D、E 节点形式。柱外侧纵筋加工尺寸计算（图 2-5）如下：

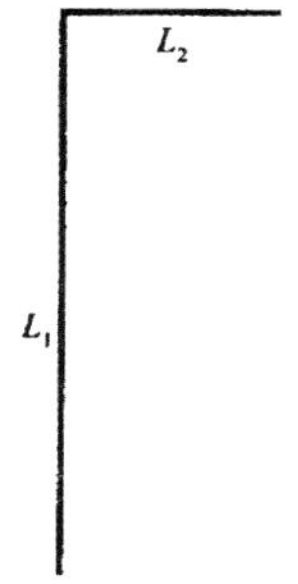

① 抗震情况：

a. 绑扎搭接：

长筋：

图 2-5 柱外侧纵筋加工长度

$$L_1 = H_n - \max\left(\frac{H_n}{6}, h_c, 500\right) + 梁高 h - 梁筋保护层厚 \tag{2-62}$$

短筋：

$$L_1 = H_n - \max\left(\frac{H_n}{6}, h_c, 500\right) - 1.3L_{lE} + 梁高 h - 梁筋保护层厚 \tag{2-63}$$

b. 焊接连接（机械连接与其类似）：

长筋：

$$L_1 = H_n - \max\left(\frac{H_n}{6}, h_c, 500\right) + 梁高 h - 梁筋保护层厚 \tag{2-64}$$

短筋：

$$L_1 = H_n - \max\left(\frac{H_n}{6}, h_c, 500\right) - \max(500, 35d) + 梁高 h - 梁筋保护层厚 \tag{2-65}$$

绑扎搭接与焊接连接的 L_2 相同，即，

$$L_2 = 12d \tag{2-66}$$

② 非抗震情况：

a. 绑扎搭接：

长筋：

$$L_1 = H_n + 梁高 h - 梁筋保护层厚 \tag{2-67}$$

短筋：

$$L_1 = H_n - 1.3L_{lE} + 梁高\ h - 梁筋保护层厚 \qquad (2-68)$$

b. 焊接连接（机械连接与其类似）：

长筋：

$$L_1 = H_n - 500 + 梁高\ h - 梁筋保护层厚 \qquad (2-69)$$

短筋：

$$L_1 = H_n - 500 - \max(500, 35d) + 梁高\ h - 梁筋保护层厚 \qquad (2-70)$$

绑扎搭接与焊接连接的 L_2 相同，即，

$$L_2 = 12d \qquad (2-71)$$

D、E 节点形式其他柱内侧纵筋加工尺寸计算同 A 节点形式柱内侧对应筋计算。

（2）边柱顶筋下料长度 A 节点形式中，小于 35% 柱外侧纵筋伸至柱内弯下的纵筋下料长度公式为：

$$L = L_1 + L_2 + L_3 - 2 \times 90°量度差值 \qquad (2-72)$$

其他纵筋均为：

$$L = L_1 + L_2 - 90°量度差值 \qquad (2-73)$$

◆角柱顶层钢筋翻样

（1）角柱顶筋中的第一排筋

角柱顶筋中的第一排筋可以利用边柱柱外侧筋的公式来计算。

（2）角柱顶筋中的第二排筋

1）抗震情况：

①绑扎搭接：

长筋：

$$L_1 = H_n - \max\left(\frac{H_n}{6}, h_c, 500\right) + 梁高\ h - 梁筋保护层厚 - (30+d) \qquad (2-74)$$

短筋：

$$L_1 = H_n - \max\left(\frac{H_n}{6}, h_c, 500\right) - 1.3L_{lE} + 梁高\ h - 梁筋保护层厚 - (30+d) \qquad (2-75)$$

②焊接连接（机械连接与其类似）：

长筋：

$$L_1 = H_n - \max\left(\frac{H_n}{6}, h_c, 500\right) + 梁高\ h - 梁筋保护层厚 - (30+d) \qquad (2-76)$$

短筋：

$$L_1 = H_n - \max\left(\frac{H_n}{6}, h_c, 500\right) - \max(500, 35d) + 梁高\ h - 梁筋保护层厚 - (30+d) \qquad (2-77)$$

绑扎搭接与焊接连接的 L_2 相同，即：

$$L_2 = 1.5L_{aE} - 梁高\ h + 梁筋保护层厚 + (30 + d) \qquad (2-78)$$

2）非抗震情况：

①绑扎搭接：

长筋：

$$L_1 = H_n + 梁高\ h - 梁筋保护层厚 - (30 + d) \qquad (2-79)$$

短筋：

$$L_1 = H_n - 1.3L_1 + 梁高\ h - 梁筋保护层厚 - (30 + d) \qquad (2-80)$$

②焊接连接（机械连接与其类似）：

长筋：

$$L_1 = H_n - 500 + 梁高\ h - 梁筋保护层厚 - (30 + d) \qquad (2-81)$$

短筋：

$$L_1 = H_n - 500 - \max(500, 35d) + 梁高\ h - 梁筋保护层厚 - (30 + d) \qquad (2-82)$$

绑扎搭接与焊接连接的 L_2 相同，即，

$$L_2 = 1.5L_{aE} - 梁高\ h + 梁筋保护层厚 + (30 + d) \qquad (2-83)$$

（3）角柱顶筋中的第三排筋 [直锚长度 $< L_{aE}\ (L_a)$，即有水平筋]

1）抗震情况：

①绑扎搭接：

长筋：

$$L_1 = H_n - \max\left(\frac{H_n}{6}, h_c, 500\right) + 梁高\ h - 梁筋保护层厚 - 2 \times (30 + d) \qquad (2-84)$$

短筋：

$$L_1 = H_n - \max\left(\frac{H_n}{6}, h_c, 500\right) - 1.3L_{lE} + 梁高\ h - 梁筋保护层厚 - 2 \times (30 + d) \qquad (2-85)$$

②焊接连接（机械连接与其类似）：

长筋：

$$L_1 = H_n - \max\left(\frac{H_n}{6}, h_c, 500\right) + 梁高\ h - 梁筋保护层厚 - 2 \times (30 + d) \qquad (2-86)$$

短筋：

$$L_1 = H_n - \max\left(\frac{H_n}{6}, h_c, 500\right) - \max(500, 35d) + 梁高\ h - 梁筋保护层厚 - 2 \times (30 + d)$$

$$(2-87)$$

绑扎搭接与焊接连接的 L_2 相同，即，

$$L_2 = 12d \qquad (2-88)$$

若此时直锚长度 $\geqslant L_{aE}$，即无水平筋，那么其筋计算与边柱柱内侧筋在直锚长度 $\geqslant L_{aE}$ 时的情况一样。

2）非抗震情况：

①绑扎搭接：

长筋：

$$L_1 = H_n + 梁高\ h - 梁筋保护层厚 - 2 \times (30 + d) \tag{2-89}$$

短筋：

$$L_1 = H_n - 1.3L_1 + 梁高\ h - 梁筋保护层厚 - 2 \times (30 + d) \tag{2-90}$$

②焊接连接（机械连接与其类似）：

长筋：

$$L_1 = H_n - 500 + 梁高\ h - 梁筋保护层厚 - 2 \times (30 + d) \tag{2-91}$$

短筋：

$$L_1 = H_n - 500 - \max(500, 35d) + 梁高\ h - 梁筋保护层厚 - 2 \times (30 + d) \tag{2-92}$$

绑扎搭接与焊接连接的 L_2 相同，即：

$$L_2 = 12d \tag{2-93}$$

若此时直锚长度 $\geqslant L_a$，即无水平筋，那么其筋计算与边柱柱内侧筋在直锚长度 $\geqslant L_a$ 时的情况一样。

(4) 角柱顶筋中的第四排筋 [直锚长度 $< L_{aE}(L_a)$，即有水平筋]

1) 抗震情况：

①绑扎搭接：

长筋：

$$L_1 = H_n - \max\left(\frac{H_n}{6}, h_c, 500\right) + 梁高\ h - 梁筋保护层厚 - 3 \times (30 + d) \tag{2-94}$$

短筋：

$$L_1 = H_n - \max\left(\frac{H_n}{6}, h_c, 500\right) - 1.3L_{lE} + 梁高\ h - 梁筋保护层厚 - 3 \times (30 + d) \tag{2-95}$$

②焊接连接（机械连接与其类似）：

长筋：

$$L_1 = H_n - \max\left(\frac{H_n}{6}, h_c, 500\right) + 梁高\ h - 梁筋保护层厚 - 3 \times (30 + d) \tag{2-96}$$

短筋：

$$L_1 = H_n - \max\left(\frac{H_n}{6}, h_c, 500\right) - \max(500, 35d) + 梁高\ h - 梁筋保护层厚 - 3 \times (30 + d) \tag{2-97}$$

绑扎搭接与焊接连接的 L_2 相同，即：

$$L_2 = 12d \tag{2-98}$$

若此时直锚长度 $\geqslant L_{aE}$，即无水平筋，那么其筋计算与边柱柱内侧筋在直锚长度 $\geqslant L_{aE}$ 时的情况一样。

2) 非抗震情况：

①绑扎搭接：

长筋：

$$L_1 = H_n + 梁高\ h - 梁筋保护层厚 - 3 \times (30 + d) \tag{2-99}$$

短筋：

$$L_1 = H_n - 1.3L_1 + 梁高\ h - 梁筋保护层厚 - 3 \times (30 + d) \tag{2-100}$$

②焊接连接（机械连接与其类似）：

长筋：

$$L_1 = H_n - 500 + 梁高\ h - 梁筋保护层厚 - 3 \times (30 + d) \qquad (2-101)$$

短筋：

$$L_1 = H_n - 500 - \max(500, 35d) + 梁高\ h - 梁筋保护层厚 - 3 \times (30 + d) \qquad (2-102)$$

绑扎搭接与焊接连接的 L_2 相同，即：

$$L_2 = 12d \qquad (2-103)$$

若此时直锚长度 $\geqslant L_a$，即无水平筋，那么其筋计算与边柱柱内侧筋在直锚长度 $\geqslant L_a$ 时的情况一样。

【实例】

【例 2-1】 边柱绑扎连接，框架结构抗震等级一级，首层层高为 4.6m，二层、三层层高为 3.5m。C30 混凝土，环境类别为一类，基础高度 $h = 1200mm$，基础顶面标高为为 $-0.03m$，框架梁高为 650mm。如图 2-6、表 2-1 所示：

表 2-1　　　　　　　　　　　框架边柱楼面标高和结构层高

层号	标高/m	层高/m	层号	标高/m	层高/m
顶层	11.57	—	2 层	4.57	3.5
3 层	8.07	3.5	1 层	−0.03	4.6

【解】

（1）纵筋长度和根数的计算

1）基础层插筋计算：

一级抗震等级：$l_{aE} = 34d = 34 \times 22 = 748$（mm）

竖直段长度：$h = 1200 - 40 = 1160mm > l_{aE}$

$l_{aE} = 1.4 l_{aE} = 1.4 \times 748 = 1047.2$（mm）

因此，基础层插筋在基础梁内采用直锚形式，基础插筋的角筋为满足施工要求，应伸至基础底部弯折 $\max(6d, 150)$，而其他钢筋锚入基础梁内满足最小锚固长度 l_{aE} 要求即可。

$\max(6d, 150) = 150$（mm）

首层非连接区长度 $= \dfrac{H_n}{3} = \dfrac{4600 - 650}{3} = 1316.7$（mm）

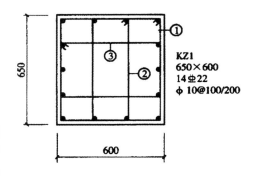

KZ1
650×600
14⌀22
ϕ 10@100/200

图 2-6　边柱截面注写方式

基础插筋长度：

角筋 $= h + \max(6d, 150) + l_{lE} + \dfrac{H_n}{3} = 1160 + 150 + 1047.2 + \dfrac{4600 - 650}{3} = 3673.9mm$（4 ⌀ 22）

中部插筋 $= l_{aE} + l_{lE} + \dfrac{H_n}{3} = 748 + 1047.2 + \dfrac{4600 - 650}{3} = 3111.9mm$（10 ⌀ 22）

2）首层纵筋计算：

首层非连接区长度为 1316.7mm，二层非连接区长度为 $\max\left(h_c, 500, \dfrac{H_n}{6}\right) = 650$（mm）。

首层纵筋长度 $=6500-1316.7+650+1047.2=4980.5$ mm（14 Φ 22）

3）二层纵筋长度：

中间层非连接区长度均为：$\max\left(h_{\mathrm{c}}, 500, \dfrac{H_{\mathrm{n}}}{6}\right)=650$（mm）；

二层纵筋长度 $=3500-650+650+1047.2=4547.2$ mm（14 Φ 22）

4）顶层纵筋长度：

顶层梁高为 650mm，$h_{\mathrm{b}}-c=650-25=625$ mm$<l_{\mathrm{aE}}$，框架柱内侧钢筋采用弯锚形式，即内侧钢筋伸至梁顶弯折 $12d$，其长度计算方法为：

内侧纵筋长度 $=3500-650-650+620+12\times22=3084$ mm（9 Φ 22）

外侧钢筋采用全部锚入梁中 $1.5l_{\mathrm{aE}}$ 的构造要求，注意，此时还应验算外侧钢筋自柱内侧边缘算起是否大于 500mm：

梁高$-$保护层$+$柱截面尺寸 $h_{\mathrm{c}}+500=650-30+600+500=1720$ mm$<1.5\times748=1122$（mm）

故，柱外侧纵筋的计算方法为：

外侧纵筋长度 $=3500-650-650+1720=3920$ mm（5 Φ 22）

（2）箍筋长度和根数计算

1）箍筋长度计算：

框架边柱中，箍筋 $\phi10@100/200$，箍筋水平段长度计算为：

$l_{\mathrm{w}}=\max(75+1.9d, 11.9d)=11.9\times10=119$（mm）

箍筋长度计算：

①号箍筋长度 $=(600-2\times30+2\times10)\times2+(650-2\times30+2\times10)\times2+2\times119$
$\qquad\qquad =2578$（mm）

②号箍筋长度 $=\left(\dfrac{600-2\times30-22}{3}+22+2\times10\right)\times2+(650-2\times30+2\times10)\times2+2\times119$
$\qquad\qquad =1187.3$（mm）

③号箍筋长度 $=(600-2\times30+2\times10)\times2+\left(\dfrac{650-2\times30-22}{3}\times2+22+2\times10\right)\times2+2\times119$
$\qquad\qquad =2010$（mm）

箍筋总长度 $=2578+1187.3+2010=5775.3$（mm）

2）箍筋根数计算：

基础插筋中箍筋根数 $=\dfrac{1160}{500}+1=4$ 根 （①号外封闭箍筋长度为 2578mm）

首层中箍筋根数：非加密区长度 $=4600-1316.7-650-23\times1047.2-650<0$，因此，首层柱无非加密区，应全高加密。

根数 $=\dfrac{1316.7-50}{100}+\dfrac{650}{100}+\dfrac{1047.2}{100}+\dfrac{650-250}{100}+1$
$\qquad =38$ 根 （4×4 复合箍筋长度 5775.3mm）

二、三层中箍筋根数：非加密区长度 $=3500-65-650-2.3\times1047.2-650<0$，因此，二层和三层柱箍筋全高加密。

二层箍筋根数 $=\dfrac{650-50}{100}+\dfrac{650}{100}+\dfrac{650}{100}+\dfrac{1047.2}{100}+1=31$（根）

（二、三层箍筋共 62 根，4×4 复合箍筋长度为 5775.3mm）

（3）钢筋列表计算

钢筋列表见表 2-2。

表 2-2 钢 筋 列 表

序号	钢筋位置	钢筋级别	钢筋直径	单根长度/mm	钢筋根数	总长度/m	总重量/kg
1	插筋（角部插筋）	HRB335	Φ22	3673.9	4	14.7	43.534
2	插筋（中部插筋）	HRB335	Φ22	3111.9	10	31.12	91.97
3	一层纵筋	HRB335	Φ22	4980.5	14	69.73	205.712
4	二层纵筋	HRB335	Φ22	4547.2	14	63.66	194.53
5	三层外侧纵筋	HRB335	Φ22	3920	5	19.6	60.1
6	三层内侧纵筋	HRB335	Φ22	3084	9	27.76	85.813
7	①号箍筋	HPB300	φ10	2578	4+38+62=104	268.11	165.425
8	②号箍筋	HPB300	φ10	1187.3	38+62=100	118.73	73.256
9	③号箍筋	HPB300	φ10	2010	38+62=100	201	124.02

（4）钢筋材料汇总表

钢筋材料汇总表见表 2-3。

表 2-3 钢筋材料汇总

钢筋类型	钢筋直径/mm	总长度/m	总重量/kg
纵筋	Φ22	227.57	681.66
箍筋	φ10	587.84	362.70

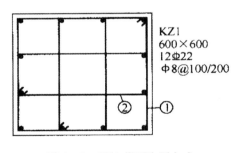

图 2-7 KZ1 截面注写方式

KZ1
600×600
12Φ22
Φ8@100/200

【例 2-2】 框架角柱，有地下室，一层至四层，共 5 层，C30 混凝土，框架结构抗震等级二级，环境类别为：地下部分为二 b 类，其余为一类。钢筋采用电渣压力焊接连接形式，基础高度为 820mm，柱截面尺寸（mm）为 600×600，基础梁顶标高为 −3.200m，基础底板板顶标高为 −3.800m，框架梁截面尺寸（mm）为 250×600。角柱的截面注写内容如图 2-7 所示，结构层楼面标高和结构层高见表 2-4。请计算该 KZ1 钢筋量。

表 2-4 框架角柱楼面标高和结构层高

层号	标高/m	层高/m	层号	标高/m	层高/m
顶层	14.050	—	2 层	4.150	3.300
4 层	10.750	3.300	1 层	−0.050	4.200
3 层	7.450	3.300	−1 层	−3.800	3.750

【解】

（1）纵筋长度和根数的计算

1) 基础层插筋计算：

二级抗震等级：$l_{aE}=34d=34×22=748$ （mm）

竖直段长度：$h=820-40=780mm>l_{aE}=748$ （mm）

因此，基础层插筋在基础梁内采用直锚形式，角柱的角筋伸至基础底部弯折 max（6d，150），而其他钢筋锚入基础梁内满足最小锚固长度 l_{aE} 要求即可。

地下室柱净高 $H_n=-0.050-(-3.200)=3.150$ （m）

$\max(6d，150)=150$ （mm）

地下室非连接区长度 $\dfrac{H_n}{3}=\dfrac{3150-600}{3}=850$ （mm）

基础插筋长度：角筋$=820-40+150+850=1780mm$ （8 Φ 22）

中部插筋$=748+850=1598mm$ （8 Φ 22）

2) 地下室纵筋长度计算：

首层非连接区 $\dfrac{H_n}{3}=\dfrac{4200-600}{3}=1200$ （mm）

地下室纵筋长度$=3150-850+1200=3500mm$ （12 Φ 22）

3) 首层纵筋长度计算：

中间层非连接区 $\max\left(\dfrac{H_n}{6}，500，h_c\right)=\max\left(\dfrac{3300-600}{6}，500，600\right)=600$ （mm）

首层纵筋长度$=4200-1200+600=3600mm$ （12 Φ 22）

4) 标准层纵筋长度计算：

标准层纵筋长度$=3300-600+600=3300mm$ （每层 12 Φ 22，两层共 24 Φ 22）

5) 顶层纵筋长度计算：

顶层梁高为 600mm，$h_b-c=600-30=570mm<l_{aE}$。

至梁顶弯折 12d，其长度计算方法为：

内侧纵筋长度$=3300-600-600+570+12×22=4134mm$ （5 Φ 22）

外侧钢筋采用全部锚入梁中 1.5l_{aE} 的构造要求，注意，此时还应验算外侧钢筋自柱内侧边缘算起是否大于 500mm：

梁高－保护层＋柱截面尺寸 $h_c+500=600-30+600+500=1670mm<1.5×748=1122$ （mm）

所以，柱外侧纵筋长度的计算方法为：

外侧纵筋长度$=3300-600-600+1670=4970mm$ （7 Φ 22）

（2）箍筋长度和根数计算

1) 箍筋长度计算：

框架角柱中，箍筋为 $\phi8@100/200$：

箍筋弯钩长度$=\max(11.9×8，75+1.9×8)=95.2$ （mm）

①号箍筋长度$=(600-2×30+2×8)×2+(600-2×30+2×8)×2+2×95.2$
$=2414$ （mm）

②号箍筋长度$=\left(\dfrac{600-2×30-22}{3}+22+2×8\right)×2+(600-2×30+2×8)×2+2×95.2$
$=1723.7$ （mm）

箍筋总长度$=1723.7×2+2414.4=5861.8$ （mm）

2）箍筋根数计算：

基础插筋在基础中的箍筋根数：$\dfrac{820-40}{500}+1=3$（根），此时箍筋为非复合箍筋形式。

地下室箍筋根数计算：

地下室柱上部非连接区的长度计算为：

$$\max\left(\frac{H_n}{6},\ 500,\ h_c\right)=600\ （\text{mm}）$$

非加密区长度 $=3150-600-850-600=1100$（mm）

地下室柱箍筋根数 $=\dfrac{850-50}{100}+\dfrac{600-25}{100}+\dfrac{600}{100}+\dfrac{1100}{200}+1=26=26$（根）

一层箍筋根数计算：非加密区长度 $=4200-1200-600-600=1800$（mm）

一层箍筋根数 $=\dfrac{1200-50}{100}+\dfrac{600-25}{100}+\dfrac{600}{100}+\dfrac{1800}{200}+1=34$（根）

标准层及顶层箍筋根数计算：非加密区长度 $=3300-600-600-600=1500$（mm）

标准层箍筋根数 $=\dfrac{600-50}{100}+\dfrac{600-25}{100}+\dfrac{600}{100}+\dfrac{1500}{200}+1=25$（根）

箍筋总根数 $=26+34+25\times3=135$ 根（4×4 复合箍筋）

（3）纵筋接头个数

该框架角柱，有地下室，加上一层至四层，共 5 层。楼层每层层高范围内设置电渣压力焊接接头，单根框架柱钢筋的接头共有 5 个。柱截面钢筋根数为 12 根，沿全截面不变，因此，接头个数共有 $5\times12=60$（个）。

（4）钢筋列表计算

钢筋列表见表 2-5。

表 2-5　　　　　　　　　　　　　钢　筋　列　表

序号	钢筋位置	钢筋级别	钢筋直径	单根长度/mm	钢筋根数	总长度/m	总重量/kg
1	插筋（角部插筋）	HRB335	Φ22	1780	4	7.12	21.05
2	插筋（中部插筋）	HRB335	Φ22	1598	8	12.78	38.22
3	地下室纵筋	HRB335	Φ22	3500	12	42.0	125.59
4	一层纵筋	HRB335	Φ22	3600	12	43.2	129.168
5	标准层纵筋（含二、三层）	HRB335	Φ22	3300	$12\times2=24$	79.2	236.81
6	四层外侧纵筋	HRB335	Φ22	4970	7	34.79	104.002
7	四层内侧纵筋	HRB335	Φ22	4134	5	20.69	61.848
8	①号箍筋	HPB300	φ8	2414	$3+135=138$	333.13	135.4
9	②号箍筋	HPB300	φ8	1723.7	$135\times2=270$	465.4	189.28
10	接头个数	电渣压力焊接接头，$5\times12=60$个					

（5）钢筋材料及接头汇总表

钢筋材料及接头汇总表见表 2-6。

表 2 - 6　　　　　　　　　　　　钢筋材料及接头汇总

钢筋类型	钢筋直径	总长度/m	总重量/kg
纵筋	$\Phi 22$	239.78	719.704
箍筋	$\phi 8$	798.53	315.42
接头	$\Phi 22$ 电渣压力焊接接头 60 个		

2.2　框架柱中间层钢筋翻样

常遇问题

1. 抗震框架柱绑扎搭接时中间层钢筋如何进行翻样计算？
2. 抗震框架柱焊接连接时中间层钢筋如何进行翻样计算？
3. 非抗震框架柱绑扎搭接时中间层钢筋如何进行翻样计算？
4. 非抗震框架柱焊接连接时中间层钢筋如何进行翻样计算？

【翻样方法】

◆ 抗震情况

（1）绑扎搭接

1）当中间层层高不变时：

$$L_1(L) = H_n + 梁高\ h + L_{lE} \tag{2-104}$$

2）当相邻中间层层高有变化时：

$$L_1(L) = H_{n下} - \max\left(\frac{H_{n下}}{6}, h_c, 500\right) + 梁高\ h + \max\left(\frac{H_{n上}}{6}, h_c, 500\right) + L_{lE} \tag{2-105}$$

式中　$H_{n下}$——相邻两层下层的净高；

　　　$H_{n上}$——相邻两层上层的净高。

（2）焊接连接

1）当中间层层高不变时：

$$L_1(L) = H_n + 梁高\ h(层高) \tag{2-106}$$

2）当相邻中间层层高有变化时：

$$L_1(L) = H_{n下} - \max\left(\frac{H_{n下}}{6}, h_c, 500\right) + 梁高\ h + \max\left(\frac{H_{n上}}{6}, h_c, 500\right) \tag{2-107}$$

◆ 非抗震情况

（1）绑扎搭接

$$L_1(L) = 层高 + L_1 \tag{2-108}$$

（2）焊接连接

$$L_1(L)=层高 \qquad\qquad (2-109)$$

【实例】

【例 2 - 3】 KZ6 平法施工图，见图 2 - 8。试求 KZ6 的纵筋及箍筋。其中，混凝土强度等级为 C30，抗震等级为一级。

层号	顶标高/m	层高/m	顶梁高/mm
4	15.87	3.6	700
3	12.27	3.6	700
2	8.67	4.2	700
1	4.47	4.5	700
基础	1.03	基础厚800	—

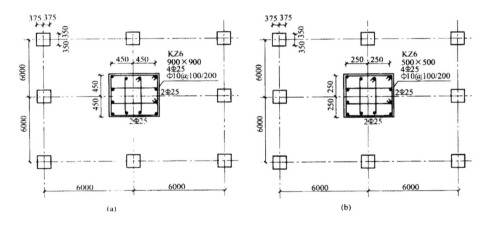

图 2 - 8 KZ6 平法施工图

（a）1、2 层平面图；（b）3、4 层平面图

【解】

由混凝土强度等级 C30 和一级抗震，查表 2 - 7 得：柱钢筋混凝土保护层厚度 $c_{柱}=20\text{mm}$，基础钢筋保护层厚度 $c_{基础}=40\text{mm}$。

表 2 - 7　　　　　　　　　　　**混凝土保护层的最小厚度（mm）**

环境类别	板、墙	梁、柱	环境类别	板、墙	梁、柱
一	15	20	三 a	30	40
二 a	20	25	三 b	40	50
二 b	25	35			

注　1. 表中混凝土保护层厚度指最外层钢筋外边缘至混凝土表面的距离，适用于设计使用年限为 50 年的混凝土结构。

2. 构建中受力钢筋的保护层厚度不应小于钢筋的公称直径。

3. 设计使用年限为 100 年的混凝土结构，一类环境中，最外层钢筋的保护层厚度不应小于表中数值的 1.4 倍；二、三类环境中，应采取专门的有效措施。

4. 混凝土强度等级不大于 C25 时，表中保护层厚度数值应增加 5mm。

5. 基础地面钢筋的保护层厚度，由混凝土垫层时应从垫层顶面算起，且不应小于 40mm；无垫层时不应小于 70mm。

KZ6 计算简图, 见图 2 - 9。

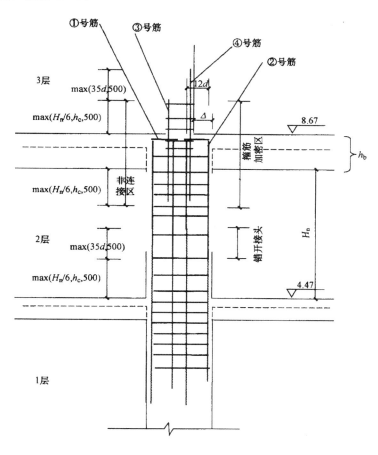

图 2-9 KZ6 计算简图

由于 $\Delta=200$, $\dfrac{\Delta}{h_b}=\dfrac{200}{700}>\dfrac{1}{12}$, 故采用非直通构造。

（1）2 层纵筋

①号筋（低位）长度＝本层层高－下部非连接区－上部保护层＋12d

下部非连接区＝$\max\left(\dfrac{H_n}{6}, h_c, 500\right)=\max\left(\dfrac{4200-700}{6}, 900, 500\right)=900$（mm）

①号筋（低位）总长＝$4200-900-20+12\times25=3580$（mm）

②号筋（高位）长度＝本层层高－下部非连接区－错开连接高度－上部保护层＋12d

下部非连接区＝$\max\left(\dfrac{H_n}{6}, h_c, 500\right)=\max\left(\dfrac{4200-700}{6}, 900, 500\right)=900$（mm）

错开连接高度＝$\max(35d, 500)=\max(35\times25, 500)=875$（mm）

②号筋（高位）总长＝$4200-900-875-20+12\times25=2705$（mm）

（2）3 层纵筋

③号筋（低位）长度＝伸入下层的高度（$1.2l_{aE}$）＋本层下部非连接区高度

本层非连接区高度＝$\max\left(\dfrac{H_n}{6}, h_c, 500\right)=\max\left(\dfrac{3600-700}{6}, 500, 500\right)=500$（mm）

③号筋（低位）总长＝$1.2 l_{aE} + 500 = 1.2 \times 34 \times 25 + 500 = 1520$（mm）

③号筋（高位）长度＝伸入下层的高度（$1.5 l_{aE}$）＋本层下部非连接区高度＋错开连接高度

本层非连接区高度＝$\max \left(\dfrac{H_n}{6}, h_c, 500 \right) = \max \left(\dfrac{3600 - 700}{6}, 500, 500 \right) = 500$（mm）

③号筋（高位）总长＝$1.2 l_{aE} + 500 + \max(35d, 500) = 1.2 \times 34 \times 25 + 500 + 35 \times 25 = 2395$（mm）

2.3 基础层柱插筋翻样

常遇问题

1. 基础平板中基础柱插筋如何计算？

2. 基础梁中基础柱插筋如何计算？

【翻样方法】

◆**基础平板中基础柱插筋的计算**

（1）当筏板基础小于或等于 2000mm 时，

基础插筋长度＝基础高度－保护层＋基础弯折 a＋$\dfrac{基础纵筋外露长度\ H_n}{3}$
    ＋与上层纵筋搭接长度 l_{lE}（如采用焊接时，搭接长度为 0）　　　　（2-110）

（2）当筏板基础大于 2000mm 时（图 2-10），

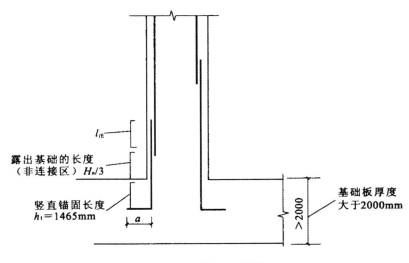

图 2-10　筏板基础插筋

基础插筋长度＝$\dfrac{基础高度}{2}$－保护层＋基础弯折 a＋$\dfrac{基础纵筋外露长度\ H_n}{3}$
    ＋与上层纵筋搭接长度 l_{aE}（如采用焊接时，搭接长度为 0）　　　　（2-111）

◆**基础梁中基础柱插筋的计算**

（1）当基础梁底与基础板底一样平时（图 2-11）

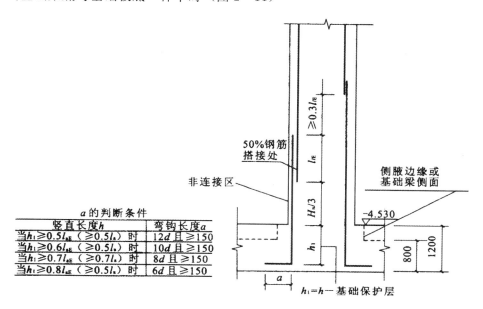

图 2-11 基础梁底与基础板底一样平时基础插筋

$$基础插筋长度＝基础高度－保护层＋基础弯折 a＋\frac{基础钢筋外露长度 H_{n}}{3}$$
$$＋与上层纵筋搭接长度 l_{lE}（如采用焊接时，搭接长度为 0）\qquad（2-112）$$

（2）当基础梁顶与基础板顶一样平时（图 2-12）

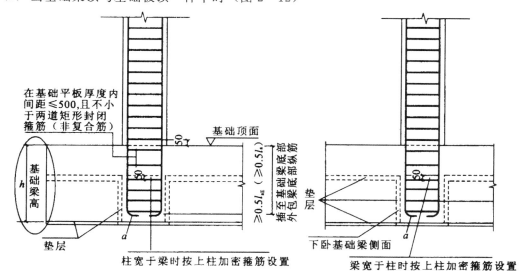

图 2-12 基础梁顶与基础板顶一样平时基础插筋

$$基础插筋长度＝基础高度－保护层＋基础弯折 a＋\frac{基础钢筋外露长度 H_{n}}{3}$$

　　＋与上层纵筋搭接长度 l_{lE}（如采用焊接时，搭接长度为 0）　　　　　(2－113)

◆**柱根的判断**

　　底层柱的柱根系指地下室的顶面或无地下室情况的基础顶面；柱根加密区长度应取不小于该层柱净高的 1/3；有刚性地面时，除柱端箍筋加密区外，尚应在刚性地面上、下各 500mm 的高度范围内加密箍筋。

　　柱根：有地下室时柱根是指基础顶面或基础梁顶面和首层楼面位置，无地下室无基础梁时是指基础顶面，无地下室有基础梁时是指基础梁顶面。

　　底层柱：有地下室时底层柱是指相邻基础层和首层，无地下室无基础梁时是指从基础顶面至首层顶板，无地下室有基础梁时是指基础梁顶面至首层顶板。

　　底层柱净高：有地下室时底层柱净高是指基础顶面或基础梁顶面至相邻基础层的顶板梁下皮的高度和首层楼面到顶板梁下皮的高度，无地下室无基础梁时底层柱净高是指从基础顶面至首层顶板梁下皮的高度，无地下室有基础梁时底层柱净高是指基础梁顶面至首层顶板梁下皮的高度。

【实例】

　　【例 2－4】　计算 KZ1 的基础插筋。KZ1 的截面尺寸为 750mm×700mm，柱纵筋为 22 Φ 25，混凝土强度等级 C30，二级抗震等级。

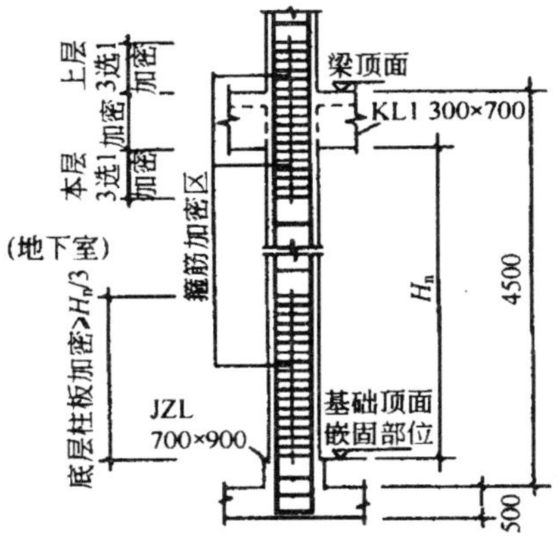

　　假设该建筑物具有层高为 4.50m 的地下室。地下室下面是"正筏板"基础（"低板位"的有梁式筏形基础，基础梁底和基础板底一平）。地下室顶板的框架梁仍然采用 KL1（300mm×700mm）。基础主梁的截面尺寸为 700mm×900mm，下部纵筋为 9 Φ 25。筏板的厚度为 500mm，筏板的纵向钢筋都是 Φ 18@200（图 2－13）。

图 2－13　【例 2－4】图

　　【解】

　　(1) 框架柱基础插筋伸出基础梁顶面以上的长度

　　地下室层高＝4500（mm）

　　地下室顶框架梁高＝700（mm）

　　基础主梁高＝900（mm）

　　筏板厚度＝500（mm）

　　地下室框架柱净高 H_n＝4500－700－（900－500）＝3400（mm）

　　框架柱基础插筋（短筋）伸出长度＝$\dfrac{H_n}{3}$＝$\dfrac{3400}{3}$＝1133（mm）

　　框架柱基础插筋（长筋）伸出长度＝1133＋35×25＝2008（mm）

　　(2) 框架柱基础插筋的直锚长度

　　基础主梁高度＝900（mm）

　　基础主梁下部纵筋直径＝25（mm）

　　筏板下层纵筋直径＝18（mm）

　　基础保护层＝40（mm）

　　框架柱基础插筋直锚长度＝900－25－18－40＝817（mm）

（3）框架柱基础插筋的总长度

框架柱基础插筋的垂直段长度（短筋）$=1133+817=1950$（mm）

框架柱基础插筋的垂直段长度（长筋）$=2008+817=2825$（mm）

$l_{aE}=40d=40\times25=1000$（mm）

直锚长度$=817<l_{aE}$

框架柱基础插筋的弯钩长度$=15d=15\times25=375$（mm）

框架柱基础插筋（短筋）的总长度$=1950+375=2325$（mm）

框架柱基础插筋（长筋）的总长度$=2825+375=3200$（mm）

【例 2-5】 试求 KZ1 的基础插筋。KZ1 的柱纵筋为 22 Φ 25，混凝土强度等级 C30，二级抗震等级。

假设某建筑物一层的层高为 5.0m（从±0.000 算起）。一层的框架梁采用 KL1（300mm×700mm）。一层框架柱的下面是独立柱基，独立柱基的总高度为 1200mm（即柱基平台到基础底板的高度为 1200mm）。独立柱基的底面标高为−1.800m，独立柱基下部的基础板厚为 500mm，独立柱基底部的纵向钢筋均为Φ18@200，如图 2-14 所示。

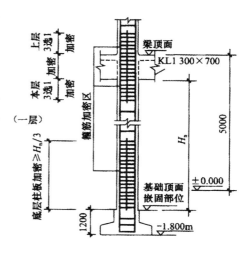

图 2-14 【例 2-5】图

【解】

（1）计算框架柱基础插筋伸出基础梁顶面以上的长度

已知：从±0.000 到一层板顶的高度$=5000$mm，独立柱基的底面标高为−1.800m，柱基平台到基础板底的高度为 1200mm，则柱基平台到一层板顶的高度$=5000+1800-1200=5600$（mm）。

一层的框架梁高$=700$mm，所以

一层的框架柱净高$=5600-700=4900$（mm）。

框架柱基础插筋（短筋）伸出长度$=\dfrac{4900}{3}=1633$（mm）

框架柱基础插筋（长筋）伸出长度$=1633+35\times25=2508$（mm）

（2）计算框架柱基础插筋的直锚长度

已知：柱基平台到基础板底的高度为 1200mm，独立柱基底部的纵向钢筋直径$=18$mm，基础保护层厚度$=40$mm，所以

框架柱基础插筋直锚长度$=1200-18-40=1142$（mm）

（3）框架柱基础插筋的总长度

框架柱基础插筋（短筋）的垂直段长度$=1633+1142=2775$（mm）

框架柱基础插筋（长筋）的垂直段长度$=2508+1142=3650$（mm）

因为$l_{aE}=40d=40\times25=1000$（mm），而现在的直锚长度$=1142mm>l_{aE}$，所以，框架柱基础插筋的弯钩长度$=\max(6d,150)=6\times25=150$（mm）

框架柱基础插筋（短筋）的总长度$=2775+150=2925$（mm）

框架柱基础插筋（长筋）的总长度＝3650＋150＝3800（mm）。

【例 2 - 6】 如图 2 - 15～图 2 - 17 所示，根据 KZ1 的配筋要求，计算其基础插筋。

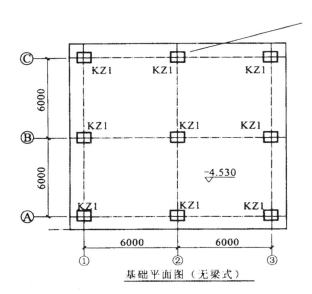

KZ1 750×700
24Φ25
Φ10@100/200

屋面	15.870	
4	12.270	3.6
3	8.570	3.6
2	4.470	4.2
1	-0.030	4.5
-1	-4.530	4.5
层号	标高/m	层高/m

柱的环境描述：
混凝土标号C30
抗震等级：一级抗震
基础保护层40mm
柱保护层25mm

图 2 - 15 KZ1 配筋

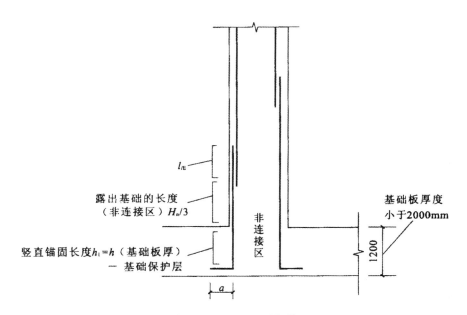

图 2 - 16 KZ1 基础插筋

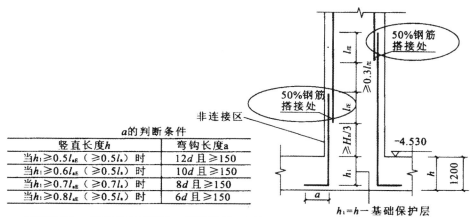

图 2-17　基础筋搭接

【解】

$h_1 = h(基础板厚) - 基础保护层 = 1200 - 40 = 1160（mm）$

$0.5 l_{aE} = 0.5 \times 34 \times 25 = 425 （mm）$

$0.6 l_{aE} = 0.6 \times 34 \times 25 = 510 （mm）$

$0.7 l_{aE} = 0.7 \times 34 \times 25 = 595 （mm）$

$0.8 l_{aE} = 0.8 \times 34 \times 25 = 680 （mm）$

$h_1（1160mm）> 0.8 l_{aE}（680mm）$

$6d = 6 \times 25 = 150，a = 150 （mm）$

$\dfrac{H_n}{3} = \dfrac{4500（层高）- 700}{3} = 1267 （mm）$

KZ1 基础插筋的长度 = 弯折长度 a + 锚固竖直长度 h_1 + $\dfrac{非连接区 H_n}{3}$ + 搭接长度 l_{lE}

$$= 150 + 1160 + 1267 + 1.4 \times 34 \times 25$$

$$= 3767 （mm）$$

钢筋的根数：24 根。

2.4　基础层柱箍筋翻样

常遇问题

1. 柱箍筋长度如何计算？

2. 柱箍筋根数如何计算？

【翻样方法】

◆柱箍筋长度计算

(1) 3×3 箍筋长度

$$外箍筋长度=(B-2\times保护层+H-2\times保护层)\times2+8d+2\times l_w \qquad (2-114)$$

$$内箍筋长度=H-2\times保护层+2\times l_w+2d(横向、纵向各设置一道) \qquad (2-115)$$

(2) 4×3 箍筋长度

$$外箍筋长度=(B-2\times保护层+H-2\times保护层)\times2+8d+2\times l_w \qquad (2-116)$$

$$内矩形箍长度=\left[\frac{B-2\times保护层-d}{3}\times1+d+(H-2\times保护层)\right]\times2+8d+2\times l_w \qquad (2-117)$$

$$横向一字形箍筋长度=H-2\times保护层+2d+2\times l_w \qquad (2-118)$$

(3) 4×4 箍筋长度

$$外箍筋长度=(B-2\times保护层+H-2\times保护层)\times2+8d+2\times l_w \qquad (2-119)$$

$$内箍筋长度=\left(\frac{B-2\times保护层-d}{3}\times1+d+\frac{H-2\times保护层-d}{3}\times1+d\right)\times2+8d$$

$$+2\times l_w(横向、纵向各一道) \qquad (2-120)$$

(4) 5×4 箍筋长度

$$外箍筋长度=(B-2\times保护层+H-2\times保护层)\times2+8d+2\times l_w \qquad (2-121)$$

$$内横向箍筋长度=\left[\frac{B-2\times保护层-d}{3}\times1+d+(H-2\times保护层)\right]\times2+8d+2\times l_w \qquad (2-122)$$

$$内纵向矩形箍筋长度=\left[\frac{B-2\times保护层-d}{4}\times1+d+(H-2\times保护层)\right]\times2+8d+2\times l_w \qquad (2-123)$$

$$内纵向一字形箍筋长度=H-2\times保护层+2d+2\times l_w \qquad (2-124)$$

(5) 5×5 箍筋长度

$$外箍筋长度=(B-2\times保护层+H-2\times保护层)\times2+8d+2\times l_w \qquad (2-125)$$

$$内横向矩形箍筋长度=\left[(B-2\times保护层)+\frac{H-2\times保护层-d}{4}\times1+d\right]\times2+8d+2\times l_w \qquad (2-126)$$

$$内横向一字形箍筋长度=B-2\times保护层+2d+2\times l_w \qquad (2-127)$$

$$内纵向矩形箍筋长度=\left[\frac{B-2\times保护层-d}{4}\times1+d+(H-2bh)\right]\times2+8d+2\times l_w \qquad (2-128)$$

$$内纵向一字形箍筋长度=H-2\times保护层4-2d+2\times l_w \qquad (2-129)$$

(6) 6×6 箍筋长度

$$外箍筋长度=(B-2\times保护层+H-2\times保护层)\times2+8d+2\times l_w \qquad (2-130)$$

$$内横向箍筋长度=\left[(B-2\times保护层)+\frac{H-2\times保护层-d}{5}\times1+d\right]\times2$$

$$+8d+2\times l_w(设置两道) \qquad (2-131)$$

$$内纵向箍筋长度=\left[\frac{B-2\times保护层-d}{5}\times1+d+(H-2\times保护层)\right]\times2$$

$$+8d+2\times l_w(设置两道) \qquad (2-132)$$

(7) 箍筋弯钩长度 l_w

1) 当箍筋、拉筋端部弯钩为90°时，

抗震：$l_w = 10.5d$；普通箍筋：$l_w = 5.5d$。

2) 当箍筋、拉筋端部弯钩为135°时，

抗震（Ⅰ、Ⅱ、Ⅲ、Ⅳ级）：$l_w = \max(11.9 \times d, \ 75 + 1.9 \times d)$；普通箍筋：$l_w = 6.9d$。

3) 当箍筋、拉筋端部弯钩为180°时，

抗震：$l_w = 13.25d$；普通箍筋：$l_w = 8.25d$。

◆柱箍筋根数计算

柱箍筋如图 2-18 所示。

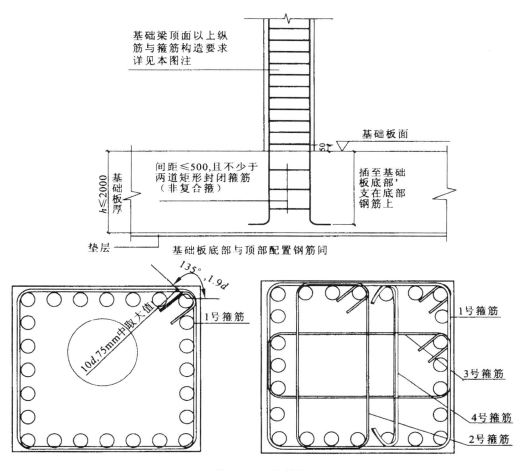

图 2-18　柱箍筋

（1）基础层箍筋根数：通常为间距≤500mm 且不少于两道水平分布筋与拉筋。

（2）首层箍筋根数 $= \dfrac{\frac{H_n}{3}}{\text{加密区间距}} + \dfrac{\text{搭接长度}}{\text{加密区间距}} + \dfrac{\max\left(\frac{H_n}{6}, \ 500, \ h_c\right)}{\text{加密区间距}}$

$+ \dfrac{\text{节点高}}{\text{加密区间距}} + \dfrac{\text{柱高度}-\text{加密长}}{\text{非加密区间距}} + \dfrac{\text{节点高}}{\text{加密区间距}} + 1$ 　　　（2-133）

（3）中间层及顶层箍筋根数计算

$$箍筋根数 = \frac{\max\left(\dfrac{H_n}{6}, 500, h_c\right)}{加密区间距} + \frac{搭接长度}{加密区间距} + \frac{\max\left(\dfrac{H_n}{6}, 500, h_c\right)}{加密区间距}$$

$$+ \frac{节点高}{加密区间距} + \frac{柱高度-加密长}{非加密区间距} + \frac{节点高}{加密区间距} + 1 \qquad (2-134)$$

【实例】

【例 2-7】 计算图 2-19 中 KZ1 钢筋预算量，计算条件见表 2-8。嵌固部位在基础的顶部，假定基础底部纵筋的直径为 20mm，钢筋长度保留三位小数，重量保留三位小数。KZ1 各层标高见表 2-9。

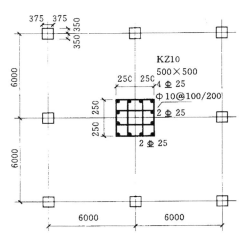

图 2-19 -0.8~15.9柱平面图

表 2-8

KZ1 计算条件

混凝土强度等级	抗震等级	基础保护层（独立基础）/mm	柱保护层厚/mm	纵筋连接方式	L_{aE}
C30	一级抗震	40	30	电渣压力焊	$40d$

表 2-9

KZ1 各层标高

层号	顶标高/m	层高/m	梁高/mm
4	15.9	3.6	700
3	12.3	3.6	700
2	8.7	4.2	700
1	4.5	4.5	700
基础	-0.8		基础厚度：800

【解】

基础高度 $0.6l_{abE}=800 < L_{aE}=40d=40×25=1000\text{mm}$，所以基础插筋全部伸到基础底部，并且弯折 $a=15d$。KZ1 的钢筋预算量计算见表 2-10。

表 2-10 　　　　　　　　　　　　　　　 **KZ1 的钢筋预算量计算**

层号	钢筋名称	单根长度	根数/根	重量/kg
基础层	基础插筋	$(4500+800-700/3+800-40$ $-20+15×25)=2648(\text{mm})$ $=2.648\text{m}$(其中 20 为基础钢筋直径)	12	122.338
	大箍筋	$(500-30×2)×4+11.9×10×2$ $=1998(\text{mm})=1.998\text{m}$	3	3.698
	小箍筋	基础内只有外围大箍筋,没有小箍筋	12	197.135
一层	纵筋	$5300-4600/3+\max(2900/$ $×6,500,500)=4267(\text{mm})$ $=4.267\text{m}$	12	197.135
	大箍筋	1.998m	下部加密区根数 $=[(4500+800-700)/3-50]/100+1=16$ 上部加密区及梁高范围内根数 $=[\max(4600/6,500,500)+700]/100+1$ $=16$ 非加密区根数 $=(4500+800-1533-766-700)/200-1$ $=11$ 总根数 $=16+16+11=43$	53.009
	箍筋	$[(500-30×2-2×10-25)/3+25$ $+20]×2+(500-2×30)×2$ $+11.9×10×2=1471(\text{mm})$ $=1.47\text{m}$	$43×2$ $=86$	78.054
二层	纵筋	$4200-3500/6+\max(2900/$ $×6,500,50)$ $=4117(\text{mm})$ $=4.117\text{m}$	12	190.159
	大箍筋	1.998m	下部加密区根数 $=[\max(3600/6,500,500)$ $-50]/100+1=7$ 上部加密区及梁高范围内根数 $=[\max(3600/6,500,500)+700]/100+1=14$ 非加密区根 $=(4300-600-600-700)/200$ $-1=11$ 总根数 $=7+1+11=32$	39.449
	小箍筋	1.471m	64	58.087

层号	钢筋名称	单根长度	根数/根	重量/kg
三层	纵筋	$3600-500+\max(2900/6\times,500,500)$ $=3600(\mathrm{mm})$ $=3.600\mathrm{m}$	12	166.320
	箍筋	1.998m	上部加密区根数 $=[\max(2900/6,500,500)-50]/100+1$ $=6$ 上部加密区及梁高范围内根数 $=[\max(2900/6,500,500)+700]/100+1$ $=13$ 非加密区根数 $=(3600-500-500-700)/200-1$ $=9$ 总根数$=6+13+9=28$	34.517
	小箍筋	1.471m	56	50.826
四层	纵筋	$3600-500-30+12\times25$ $=3370(\mathrm{mm})$ $=3.370\mathrm{m}$	12	155.694
	大箍筋	1.998m	28	34.517
	小箍筋	1.471m	56	50.826
合计				1234.629

【例2-8】 柱平法施工图如图2-20所示，与其对应的传统结构施工图如图2-21所示。已知：环境类别为一类，梁、柱保护层厚度为20mm，基础保护层厚度为40mm，筏板基础纵横钢筋直径均为22mm，混凝土强度等级为C30，抗震等级为二级，嵌固部位为地下室顶板，计算图示截面KZ1的纵筋及箍筋。

层号	顶标高/m	层高/m	梁高/mm
3	10.800	3.600	700
2	7.200	3.600	700
1	3.600	3.600	700
-1	±0.000	4.200	700
筏板基础	-4.200	基础厚800mm	

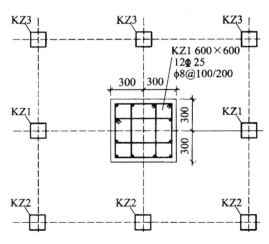

图2-20 柱平法施工图

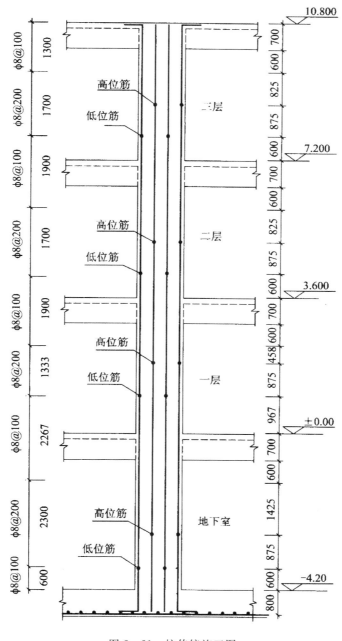

图 2-21 柱传统施工图

【解】

（1）判断基础插筋构造形式并计算插筋长度

$l_{aE} = \zeta_{aE} l_a = \zeta_{aE} \cdot \zeta_a \cdot l_{ab} = 1.15 \times 1 \times 35 \times 25 = 1006\text{mm} > h_j = 800 \text{ (mm)}$

基础内钢筋长度 $= 800 + 15 \times 25 - 2 \times 22 - 40 = 1091$ （mm）

基础内插筋（低位）$= 1091 + \max\left(\dfrac{H_n}{6}, \ h_c, \ 500\right) = 1691$ （mm）

基础内插筋 (高位) $=1091+\max\left(\dfrac{H_\mathrm{n}}{6},\ h_\mathrm{c},\ 500\right)+\max(500,\ 35d)\ =1091+600+875=$ 2566 (mm)

（2）计算 -1 层柱纵筋长度

-1 层伸出地下室顶面的非连接区高度 $=\dfrac{H_\mathrm{n}}{3}=\dfrac{3600-700}{3}\approx967$ (mm)

纵筋长度 (低位) $=4200-600+967=4567$ (mm)

$$\begin{aligned}
纵筋长度\ (低位)&=4200-\max\left(\dfrac{4200-700}{6},\ h_\mathrm{c},\ 500\right)-\max(35d,\ 500)\\
&\quad+\max\left(\dfrac{3600-700}{6},\ h_\mathrm{c},\ 500\right)+\max(35d,\ 500)\\
&=4200-600+967\\
&=4567\ (mm)
\end{aligned}$$

（3）计算 1 层柱纵筋长度

$$\begin{aligned}
1\ 层伸入\ 2\ 层的非连接区高度&=\max\left(\dfrac{H_\mathrm{n}}{6},\ h_\mathrm{c},\ 500\right)=\max\left(\dfrac{3600-700}{6},\ 600,\ 500\right)\\
&=600\ (mm)
\end{aligned}$$

1 层纵筋长度 (低位) $=3600-967+600=3233$ (mm)

$$\begin{aligned}
1\ 层纵筋长度\ (高位)&=3600-967-\max(500,\ 35d)+600+\max(500,\ 35d)\\
&=3600-967+600\\
&=3233\ (mm)
\end{aligned}$$

（4）计算 2 层柱纵筋长度

$$\begin{aligned}
2\ 层伸入\ 3\ 层的非连接区高度&=\max\left(\dfrac{H_\mathrm{n}}{6},\ h_\mathrm{c},\ 500\right)=\max\left(\dfrac{3600-700}{6},\ 600,\ 500\right)\\
&=600\ (mm)
\end{aligned}$$

2 层纵筋长度 (低位) $=3600-600+600=3600$ (mm)

$$\begin{aligned}
2\ 层纵筋长度\ (高位)&=3600-600-\max(500,\ 35d)+600+\max(500,\ 35d)\\
&=3600-600+600\\
&=3600\ (mm)
\end{aligned}$$

（5）计算 3 层柱纵筋长度

$l_\mathrm{aE}=1.15\times1\times35\times25=1006\mathrm{mm}>h_\mathrm{b}=700\mathrm{mm}$，故柱纵筋伸至顶部混凝土保护层位置弯折 $12d$。

3 层纵筋长度 (低位) $=3600-600-20+12d=3600-600-20+300=3280$ (mm)

$$\begin{aligned}
3\ 层纵筋长度\ (高位)&=3600-600-\max(500,\ 35d)-20+12d\\
&=3600-600-875-20+12\times25\\
&=2405\ (mm)
\end{aligned}$$

（6）箍筋长度

$$\begin{aligned}
单根箍筋长度\ (中心线算法)&=[(b-2c-d_{箍})+(h-2c-d_{箍})+11.9d_{箍}]\times2\\
&=[(600-20\times2-8)+(600-20\times2-8)+11.9\times8]\times2\\
&=2399\ (mm)
\end{aligned}$$

里小箍筋长度 $=\left[\dfrac{600-20\times2-8}{3}+(600-20\times2-8)+11.9\times8\right]\times2=1664$ (mm)

（7）箍筋根数

1）筏板基础内：2 根矩形封闭箍。

2）－1 层底部加密区根数 $=\dfrac{600-50}{100}+1\approx 7$（根）

　－1 层顶部至 1 层底部加密区根数 $=\dfrac{600+700+967}{100}+1\approx 24$（根）

　－1 层中间非加密区根数 $=\dfrac{4200-600-700-600}{200}-1\approx 11$（根）

3）1 层顶部至 2 层底部加密区根数 $=\dfrac{600+700+600}{100}+1\approx 20$（根）

　1 层中间非加密区根数 $=\dfrac{4200-600-700-600}{200}-1\approx 11$（根）

4）2 层顶部至 3 层底部加密区根数 $=\dfrac{600+700+600}{100}+1=20$（根）

　2 层中间非加密区根数 $=\dfrac{3600-600-700-600}{200}-1\approx 8$（根）

5）3 层顶部加密区根数 $=\dfrac{600+700}{100}+1=14$（根）

　3 层中间非加密区根数 $=\dfrac{3600-600-700-600}{200}-1\approx 8$（根）

【例 2-9】　已知基础厚度为 1200mm，基础保护层为 40mm。1、2、3、4 号筋均为两根。试求 1 号箍筋长度。

【解】

$$
\begin{aligned}
1\text{ 号箍筋长度} &= (b-2\times\text{保护层}+d\times 2)\times 2+(h-2\times\text{保护层}+d\times 2)\times 2+1.9d\times 2\\
&\quad +\max(10d,\ 75\text{mm})\times 2\\
&= (b+h)\times 2-\text{保护层}\times 8+8d+1.9d\times 2+\max(10d,\ 75\text{mm})\times 2\\
&= (750+700)\times 2-25\times 8+8\times 10+1.9\times 10\times 2+\max(10\times 10)\times 2\\
&= 3018\text{（mm）}
\end{aligned}
$$

3

梁构件钢筋翻样

3.1　楼层框架梁钢筋翻样

常遇问题

1. 抗震楼层框架梁上下部通长筋钢筋如何翻样计算？
2. 框架梁下部纵筋如何计算？
3. 框架梁支座负弯矩钢筋如何计算？
4. 如何计算架立筋？
5. 框架梁侧面抗扭钢筋如何计算？
6. 抗震框架梁箍筋如何计算？

【翻样方法】

◆楼层框架梁上下通长筋翻样

1）两端端支座均为直锚两端端支座均为直锚钢筋构造如图 3-1 所示。

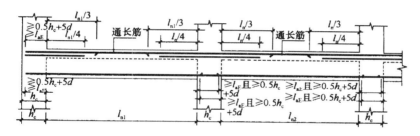

图 3-1　纵筋在端支座直锚

$$上、下部通长筋长度 = 通跨净长\ l_n + 左\ \max(l_{aE}, 0.5h_c + 5d)$$
$$+ 右\ \max(l_{aE}, 0.5h_c + 5d) \tag{3-1}$$

2）两端端支座均为弯锚两端端支座均为弯锚钢筋构造如图 3-2 所示。

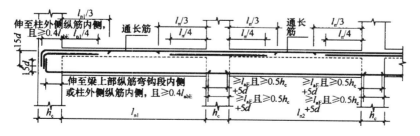

图 3-2　纵筋在端支座弯锚构造

$$上、下部通长筋长度 = 梁长 - 2 \times 保护层厚度 + 15d\ 左 + 15d\ 右 \tag{3-2}$$

3）端支座一端直锚一端弯锚端支座一端直锚一端弯锚钢筋构造如图 3-3 所示。

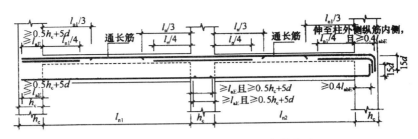

图 3-3 纵筋在端支座直锚和弯锚构造

上、下部通长筋长度＝通跨净长 l_n＋左 $\max(l_{aE}, 0.5h_c + 5d)$＋右 h_c－保护层厚度＋15d

$$(3-3)$$

◆**框架梁下部非通长筋翻样**

1）两端端支座均为直锚两端端支座均为直锚钢筋构造如图 3-1 所示。

边跨下部非通长筋长度＝净长 l_{n1}＋左 $\max(l_{aE}, 0.5h_c + 5d)$＋右 $\max(l_{aE}, 0.5h_c + 5d)$

$$(3-4)$$

中间跨下部非通长筋长度净长 l_{n2}＋左 $\max(l_{aE}, 0.5h_c + 5d)$＋右 $\max(l_{aE}, 0.5h_c + 5d)$

$$(3-5)$$

2）两端端支座均为弯锚两端端支座均为弯锚钢筋构造如图 3-2 所示。

边跨下部非通长筋长度＝净长 l_{n1}＋左 h_c－保护层厚度＋右 $\max(l_{aE}, 0.5h_c + 5d)$ $\quad(3-6)$

中间跨下部非通长筋长度净长 l_{n2}＋左 $\max(l_{aE}, 0.5h_c + 5d)$＋右 $\max(l_{aE}, 0.5h_c + 5d)$

$$(3-7)$$

◆**框架梁下部纵筋不伸入支座翻样**

不伸入支座梁下部纵筋构造如图 3-4 所示。

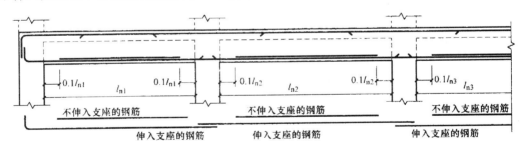

图 3-4 不伸入支座梁下部纵向钢筋断点位置

框架梁下部纵筋不伸入支座长度＝净跨长 l_n－0.1×2 净跨长 l_n＝0.8 净跨长 l_n $\quad(3-8)$

框支梁不可套用图 3-4。

◆**楼层框架梁端支座负弯矩钢筋翻样**

（1）当端支座截面满足直线锚固长度时：

$$端支座第一排负弯矩钢筋长度＝\frac{净长\ l_{n1}}{3}＋左\max[l_{aE}, (0.5h_c + 5d)] \qquad (3-9)$$

$$端支座第二排负弯矩钢筋长度＝\frac{净长\ l_{n1}}{4}＋左\max[l_{aE}, (0.5h_c + 5d)] \qquad (3-10)$$

（2）当端支座截面不能满足直线锚固长度时：

$$端支座第一排负弯矩钢筋长度 = \frac{净长\ l_{n1}}{3} + 左\ h_c - 保护层厚度 + 15d \qquad (3-11)$$

$$端支座第二排负弯矩钢筋长度 = \frac{净长\ l_{n1}}{4} + 左\ h_c - 保护层厚度 + 15d \qquad (3-12)$$

◆楼层框架梁中间支座负弯矩钢筋翻样

$$中间支座第一排负弯矩钢筋长度 = 2 \times \max\left(\frac{l_{n1}}{3}, \frac{l_{n2}}{3}\right) + h_c \qquad (3-13)$$

$$中间支座第二排负弯矩钢筋长度 = 2 \times \max\left(\frac{l_{n1}}{4}, \frac{l_{n2}}{4}\right) + h_c \qquad (3-14)$$

◆楼层框架梁架立筋翻样

连接框架梁第一排支座负弯矩钢筋的钢筋叫架立筋。架立筋主要起固定梁中间箍筋的作用，如图 3-5 所示。

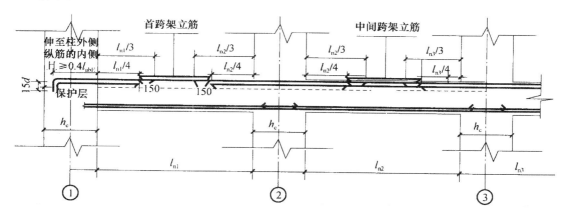

图 3-5　梁架立筋示例图

$$首尾跨架立筋长度 = l_{n1} - \frac{l_{n1}}{3} - \frac{\max(l_{n1}, l_{n2})}{3} + 150 \times 2 \qquad (3-15)$$

$$中间跨架立筋长度 = l_{n2} - \frac{\max(l_{n1}, l_{n2})}{3} - \frac{\max(l_{n2}, l_{n3})}{3} + 150 \times 2 \qquad (3-16)$$

◆框架梁侧面纵筋翻样

梁侧面纵筋分构造纵筋和抗扭纵筋。

（1）框架梁侧面构造纵筋翻样（图 3-6）

1）当梁净高 $h_w \geqslant 450mm$ 时，在梁的两个侧面沿高度配置纵向构造钢筋；纵向构造钢筋间距 $a \leqslant 200mm$。

2）当梁宽 $\leqslant 350mm$ 时，拉筋直径为 6mm；当梁宽 $>$ 350mm 时，拉筋直径为 8mm。拉筋间距为非加密间距的两倍。当设有多排拉筋时，上下两排拉筋竖向错开设置。

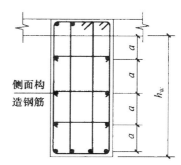

图 3-6　梁侧面构造纵筋截面图

梁侧面构造纵筋长度按图 3-7 进行计算。

$$梁侧面构造纵筋 = l_n + 15d \times 2 \tag{3-17}$$

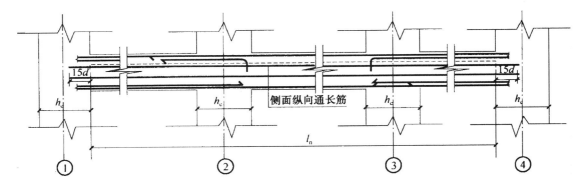

图 3-7　梁侧面构造纵筋示例图

（2）框架梁侧面抗扭纵筋翻样

梁侧面抗扭钢筋的计算方法分两种情况，即直锚情况和弯锚情况。

1）当端支座足够大时，梁侧面抗扭纵向钢筋直锚在端支座里，如图 3-8 所示。

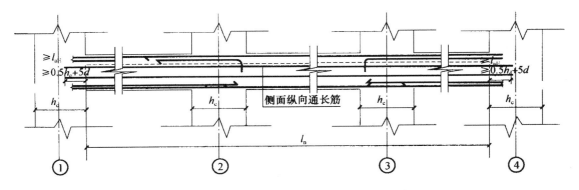

图 3-8　梁侧面抗扭纵筋示例图（直锚情况）

$$梁侧面抗扭纵向钢筋长度 = 通跨净长 l_n + 左右锚入支座内长度 \max(l_{aE}, 0.5h_c + 5d) \tag{3-18}$$

2）当支座不能满足直锚长度时，必须弯锚，如图 3-9 所示。

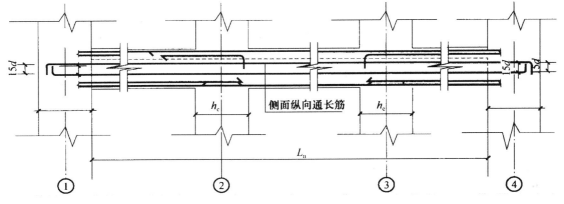

图 3-9　梁侧面抗扭纵筋示例图（弯锚情况）

梁侧面抗扭纵向钢筋长度＝通跨净长 l_n＋左右锚入支座内长度 $\max(0.4l_{aE}+15d$，支座宽

$$-保护层+弯折15d) \qquad (3-19)$$

（3）侧面纵筋的拉筋翻样

有侧面纵筋一定有拉筋，拉筋配置如图 3-10 所示。

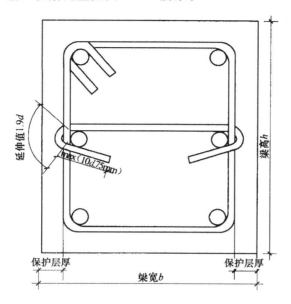

图 3-10　梁侧面纵筋的拉筋示例图

1）当拉筋同时勾住主筋和箍筋时：

$$拉筋长度＝（梁宽 b-保护层\times2)+2d+1.9d\times2+\max(10d,75mm)\times2 \qquad (3-20)$$

2）当拉筋只勾住主筋时：

$$拉筋长度＝（梁宽 b-保护层\times2)+1.9d\times2+\max(10d,75mm)\times2 \qquad (3-21)$$

（4）侧面纵筋的拉筋根数

拉筋根数配置如图 3-11 所示。

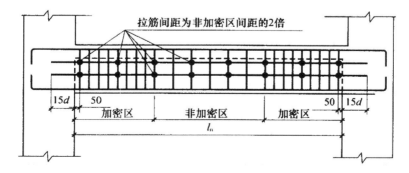

图 3-11　梁侧面纵筋的拉筋计算图

$$拉筋根数 = \frac{l_n - 50 \times 2}{非加密区间距的 2 倍} + 1 \tag{3-22}$$

◆ **框架梁箍筋翻样**

框架梁箍筋构造如图 3-12 所示。

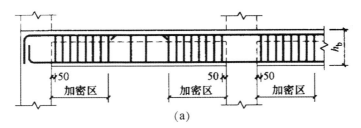

(a)

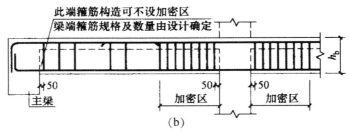

(b)

图 3-12 抗震框架梁和屋面框架梁箍筋构造
(a) 箍筋加密区范围；(b) 尽端为梁时箍筋加密区范围

一级抗震：

$$箍筋加密区长度\ l_1 = \max(2.0h_b, 500) \tag{3-23}$$

$$箍筋根数 = 2 \times \left(\frac{l_1 - 50}{加密区间距} + 1 \right) + \frac{l_n - l_1}{非加密区间距} - 1 \tag{3-24}$$

二～四级抗震：

$$箍筋加密区长度\ l_2 = \max(1.5h_b, 500) \tag{3-25}$$

$$箍筋根数 = 2 \times \left(\frac{l_2 - 50}{加密区间距} + 1 \right) + \frac{l_n - l_2}{非加密区间距} - 1 \tag{3-26}$$

$$箍筋预算长度 = (b+h) \times 2 - 8 \times c + 2 \times 1.9d + \max(10d, 75) \times 2 + 8d \tag{3-27}$$

$$\begin{aligned}箍筋下料长度 = &(b+h) \times 2 - 8 \times c + 2 \times 1.9d + \max(10d, 75) \times 2 \\ &+ 8d - 3 \times 1.75d\end{aligned} \tag{3-28}$$

$$\begin{aligned}内箍预算长度 = &\left[\left(\frac{b - 2 \times D}{n} - 1 \right) \times j + D \right] \times 2 + 2 \times (h - c) + 2 \times 1.9d \\ &+ \max(10d, 75) \times 2 + 8d\end{aligned} \tag{3-29}$$

$$内箍下料长度 = \left[\left(\frac{b - 2 \times D}{n} - 1 \right) \times j + D \right] \times 2 + 2 \times (h - c) + 2 \times 1.9d$$

$$+\max(10d,75)\times2+8d-3\times1.75d \tag{3-30}$$

式中　b——梁宽度；

　　　h——梁高度；

　　　c——混凝土保护层厚度；

　　　d——箍筋直径；

　　　n——纵筋根数；

　　　D——纵筋直径；

　　　j——内箍挡数，$j=$内箍内梁纵筋数量-1。

◆ 框架梁附加箍筋、吊筋翻样

1）框架梁附加箍筋构造如图 3-13 所示，排布构造如图 3-14 所示。

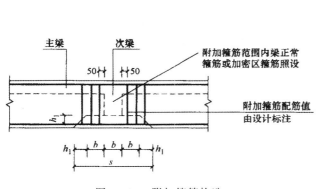

图 3-13　附加箍筋构造

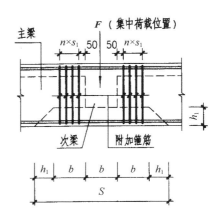

图 3-14　附加箍筋排布构造

附加箍筋间距 $8d$（d 为箍筋直径）且不大于梁正常箍筋间距。

附加箍筋根数如果设计注明则按设计，设计只注明间距而未注写具体数量按平法构造。

$$附加箍筋根数=2\times\left(\frac{主梁高-次梁高+次梁宽-50}{附加箍筋间距}+1\right) \tag{3-31}$$

2）框架梁附加吊筋构造如图 3-15 所示，排布构造如图 3-16 所示。

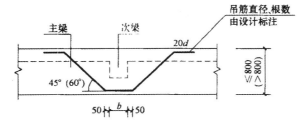

图 3-15　附加吊筋构造

$$附加吊筋长度=次梁宽+2\times50+2\times\frac{主梁高-保护层厚度}{\sin45°(60°)}+2\times20d \tag{3-32}$$

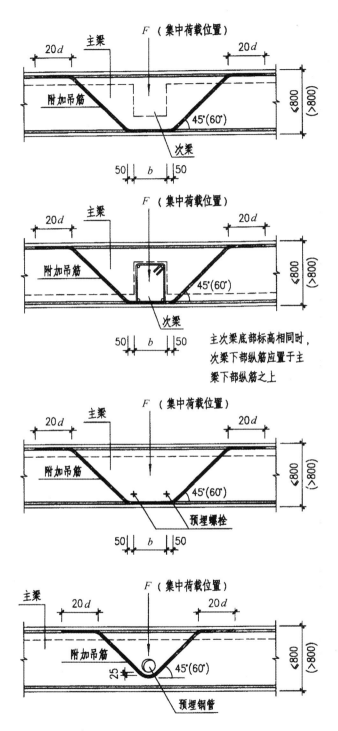

图 3-16　附加吊筋排布钢筋构造

【实例】

【例 3-1】 计算多跨楼层框架梁 KL1 的钢筋量，如图 3-17 所示。已知：混凝土强度等级为 C30；梁纵筋保护层厚度为 25mm；柱纵筋保护层厚度为 30mm；抗震等级为一级抗震；钢筋连接方式为对焊；钢筋类型为普通钢筋。

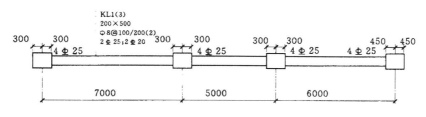

图 3-17 某建筑 KL1 的平法图

【解】

根据已知条件可得 $l_{aE} = 33d$。

（1）上部通长钢筋长度（2 Φ 25）

单根长度 $l_1 = l_n +$ 左锚固长度 + 右锚固长度

判断是否弯锚：

左支座直段长度 $= 600 - 30 - 20 - 25 = 525mm < l_{aE} = 33d = 33 \times 25 = 825mm$，所以左支座为弯锚。

右支座直段长度 $= 525 + 300 = 825 = l_{aE} = 825mm$，所以右支座为直锚。

当直锚时锚固长度 $= \max(l_{aE}, 0.5h_c + 5d) = \max(825, 0.5 \times 900 + 5 \times 25) = 825$（mm）

单根长度 $= 7000 + 5000 + 6000 - 300 - 450 + 900 + 825 = 18975$（mm）

（2）下部通长钢筋长度（2 Φ 20）

单根长度 $l_2 = l_n +$ 左锚固长度 + 右锚固长度

左支座为弯锚，右支座为直锚。

单根长度 $l_2 = 7000 + 5000 + 6000 - 300 - 450 + 525 + 15 \times 20 + 33 \times 20 = 18735$（mm）

（3）一跨左支座负弯矩钢筋长度（2 Φ 25）

根据以上计算可知该筋在支座处也为弯锚，且锚固长度为 $600 - 30 - 20 - 25 + 15 \times 25 = 900$（mm）

单根长度 $l_3 = \dfrac{l_n}{3} +$ 锚固长度 $= \dfrac{7000 - 600}{3} + 900 = 3033$（mm）

（4）一跨箍筋 $\phi 8@100/200(2)$，按外皮长度

单根箍筋的长度 $l_4 = [(b - 2c + 2d) + (h - 2c + 2d)] \times 2 + 2 \times [\max(10d, 75) + 1.9d]$

$= [(200 - 2 \times 25 + 2 \times 8) + (500 - 2 \times 25 + 2 \times 8)] \times 2$
$+ 2 \times [\max(10 \times 8, 75) + 1.9 \times 8]$
$= 1454.4$（mm）

箍筋加密区的长度 $= \max(2h_b, 500) = 1000$（mm）

箍筋的根数 = 加密区箍筋的根数 + 非加密区箍筋的根数

$= \left(\dfrac{1000 - 50}{100} + 1\right) \times 2 + \dfrac{7000 - 600 - 2000}{200} - 1$

$$=43 \text{（根）}$$

（5）二跨左支座负弯矩钢筋 2 Φ 25

单根长度 $l_5 = \dfrac{l_n}{3} \times 2 + \text{支座宽度} = \dfrac{7000-600}{3} \times 2 + 600 = 4867 \text{（mm）}$

（6）二跨右支座负弯矩钢筋 2 Φ 25

单根长度 $l_6 = \dfrac{l_n}{3} \times 2 + \text{支座宽度} = \dfrac{5250}{3} \times 2 + 600 = 4100 \text{（mm）}$

（7）二跨箍筋 ϕ8@100/200（2）

单根长度 $l_7 = 1454.4 \text{（mm）}$

根数 $= \left(\dfrac{1000-50}{100} + 1 \right) \times 2 + \dfrac{5000-600-2000}{200} - 1 = 23 \text{（根）}$

（8）三跨右支座负弯矩钢筋 2 Φ 25

单根长度 $l_8 = \dfrac{5250}{3} + 825 = 2575 \text{（mm）}$

（9）三跨箍筋 ϕ8@100/200（2）

单根长度 $l_9 = 1454.4 \text{（mm）}$

根数 $= 38 \text{（根）}$

【例 3-2】 KL1 集中标注的侧面纵向构造钢筋为 G4ϕ10，KL1 第四跨原位标注的侧面抗扭钢筋为 N4 Φ 16，混凝土强度等级 C25，二级抗震等级，如图 3-18 所示。计算第四跨侧面抗扭钢筋的形状和尺寸。

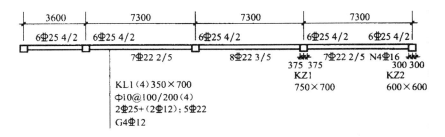

图 3-18 KL1 侧面抗扭钢筋

【解】

（1）计算 KL1 第四跨抗扭纵筋在左支座（中间支座）的锚固长度

$$0.5h_c + 5d = 0.5 \times 750 + 5 \times 16 = 455 \text{（mm）}$$

$$l_{aE} = 46d = 46 \times 16 = 736mm > 455 \text{（mm）}$$

于是，KL1 第四跨抗扭纵筋在左支座的锚固长度为 736mm（端部的钢筋形状为直筋）。

（2）计算 KL1 第四跨的净跨长度

净跨长度 $= 7300 - 375 - 300 = 6625 \text{（mm）}$

（3）计算 KL1 第网跨抗扭纵筋在右支座（端支座）的锚固长度

1）判断这个端支座是不是"宽支座"。

$$l_{aE} = 736mm$$

$$0.5h_c + 5d = 0.5 \times 600 + 5 \times 16 = 380 \text{（mm）}$$

所以，$L_d = \max(l_{aE}, 0.5h_c + 5d) = 736$（mm）。

$h_c - 30 - 25 = 600 - 30 - 25 = 545$（mm）

由于 $L_d = 736$mm > 545（mm），所以，这个端支座不是"宽支座"。

2）计算抗扭纵筋在端支座的直锚水平段长度 L_d：

$L_d = h_c - 30 - 25 - 25 = 600 - 30 - 25 - 25 = 520$（mm）

$0.4l_{abE} = 0.4 \times 736 = 294$（mm）

由于 $L_d = 520$mm > 294mm，所以这个直锚水平段长度 L_d 是合适的。

此时，钢筋的右端部是带直钩的。

直钩长度 $= 15d = 15 \times 16 = 240$（mm）

（4）KL1 第四跨抗扭纵筋水平长度 $= 736 + 6625 + 520 = 7881$（mm）

钢筋的右端部是带直钩的，直钩长度为 240mm。

因此，KL1 第四跨抗扭纵筋每根长度 $= 7881 + 240 = 8121$（mm）。

【例 3-3】　KL9（2A）平法施工图，见图 3-19。试求 KL9（2A）悬挑端的上部第一排纵筋。其中，混凝土强度等级为 C30，抗震等级为一级。

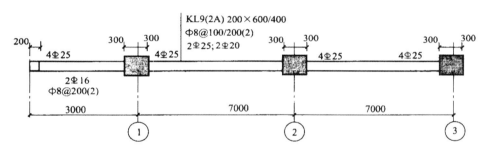

图 3-19　KL9（2A）平法施工图

【解】

由混凝土强度等级 C30 和一级抗震，查表 2-7 得：梁纵筋混凝土保护层厚度 $c_{梁} = 20$（mm），支座纵筋钢筋混凝土保护层厚度 $c_{支座} = 20$（mm）。

上部第一排纵筋长度 = 悬挑端下平直段长度 + 悬挑端下弯斜长 + 悬挑端上平直段 + 支座 1 宽度 + 第 1 内延伸长度

悬挑端下平直段长度 $= 10d - 10 \times 25 = 250$（mm）

悬挑端下弯斜长 $= \sqrt{(400-40)^2 + (400-40)^2} \approx 510$（mm）

悬挑端上平直段长度 $= 3000 - 300 - 20 - 250 - 350 = 2080$（mm）

支座 1 宽度 $= 600$（mm）

第 1 跨内延伸长度 $= \dfrac{7000 - 600}{3} \approx 2133$（mm）

总长度 $= 250 + 510 + 2080 + 600 + 2133 = 5573$（mm）

【例 3-4】　试计算 KL1 第一跨上部纵筋的长度。混凝土强度等级 C25，二级抗震等级，如图 3-20 所示。

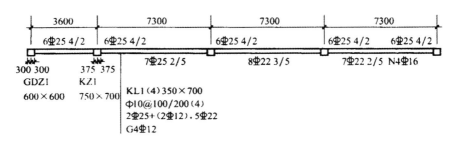

图 3-20 框架梁 KL1 平法施工图

【解】

（1）计算端支座第一排上部纵筋的直锚水平段长度

第一排上部纵筋为 4 Φ 25（包括上部通长筋和支座负弯矩钢筋），伸到柱外侧纵筋的内侧，

第一排上部纵筋直锚水平段长度 $L_d = 600 - 30 - 25 - 25 = 520$（mm）。

由于 $L_d = 520mm > 0.4 l_{abE} = 0.4 \times 1150 = 460mm$，所以这个直锚水平段长度 L_d 是合适的。此时，钢筋的左端部是带直钩的。

直钩长度 $= 15d = 15 \times 25 = 375$（mm）

（2）计算第一跨净跨长度和中间支座宽度

第一跨净跨长度 $= 3600 - 300 - 375 = 2925$（mm）

中间支座宽度 $= 750$（mm）

（3）计算第二跨左支胺第一排支座负弯矩钢筋向跨内的延伸长度

KL1 第一跨净跨长度 $l_{n1} = 2925$（mm）

KL1 第二跨净跨长度 $l_{n2} = 7300 - 375 - 375 = 6550$（mm）

$l_n = \max(2925, 6550) = 6550$（mm）

所以，第一排支座负弯矩钢筋向跨内的延伸长度 $= \dfrac{l_n}{3} = \dfrac{6550}{3} = 2183$（mm）。

（4）KL1 第一跨第一排上部纵筋的水平长度 $= 520 + 2925 + 750 + 2183 = 6378$（mm）

这根钢筋还有一个 $15d$ 的直钩，直钩长度 $= 15 \times 25 = 375$（mm）。所以，这排钢筋每根长度 $= 6378 + 375 = 6753$（mm）。

（5）计算端支座第二排上部纵筋的直锚水平段长度

第二排上部纵筋 2 Φ 25 的直钩段与第一排纵筋直钩段的净距为 25mm。

第二排上部纵筋直锚水平段长度 $L_d = 520 - 25 - 25 = 470$（mm）

由于 $L_d = 470mm > 0.4 l_{abE} = 0.4 \times 1150 = 460mm$，所以这个直锚水平段长度 L_d 是合适的。此时，钢筋的左端部是带直钩的。

直钩长度 $= 15d = 15 \times 25 = 375$（mm）

（6）计算第二跨左支座第二排支座负弯矩钢筋向跨内的延伸长度

第二排支座负弯矩钢筋向跨内的延伸长度 $= \dfrac{l_n}{4} = \dfrac{6550}{4} = 1638$（mm）

（7）KL1 第一跨第二排上部纵筋的水平长度 $= 470 + 2925 + 750 + 1638 = 5783$（mm）

这排钢筋还有一个 $15d$ 的直钩，直钩长度 $= 15 \times 25 = 375$（mm），所以，这排钢筋每根长度

$=5783+375=6158$ （mm）。

【例3－5】 试计算 KL1 端支座（600mm×600mm 的端柱）的支座负弯矩钢筋的长度。混凝土强度等级 C25，二级抗震等级，如图 3-21 所示。

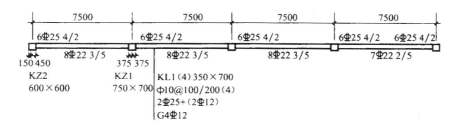

图 3-21　KL1 端支座的支座负弯矩钢筋

【解】

（1）计算第一排上部纵筋的锚固长度

1）判断这个端支座是不是"宽支座"：

$l_{aE}=46d=46×25=1150$ （mm）

$0.5h_c+5d=0.5×600+5×25=425$ （mm）

所以，$L_d=\max(l_{aE}，0.5h_c+5d)=1150$ （mm）

再计算，$h_c-30-25=600-30-25=545$ （mm）

由于 $L_d=1150mm>545mm$，所以，这个端支座不是"宽支座"。

2）计算上部纵筋在端支座的直锚水平段长度 L_d：

$L_d=h_c-30-25-25=600-30-25-25=520$ （mm）

$0.4l_{abE}=0.4×1150=460mm$

由于，$L_d=520mm>460mm$，所以这个直锚水平段长度 L_d 是合适的。

此时，钢筋的左端部是带直钩的，直钩长度 $=15d=15×25=375$ （mm）。

（2）计算第一排支座负弯矩钢筋向跨内的延伸长度

KL1 第一跨的净跨长度 $l_{n1}=7500-450-375=6675$ （mm）；所以，第一排支座负弯矩钢筋向跨内的延伸长度 $=\dfrac{l_{n1}}{3}=\dfrac{6675}{3}=2225$ （mm）。

（3）KL1 左端支座的第一排支座负弯矩钢筋的水平长度 $=520+2225=2745mm$，这排钢筋还有一个 $15d$ 的直钩，直钩长度 $=15×25=375mm$，所以，这排钢筋每根长度 $=2745+375=3120$ （mm）。

（4）计算第二排上部纵筋的直锚水平段长度

第二排上部纵筋 2⏀25 的直钩段与第一排纵筋直钩段的净距为 25mm；第二排上部纵筋直锚水平段长度 $=520-25-25=470$ （mm）。

由于 $L_d=470m>460mm$，所以这个直锚水平段长度 L_d 是合适的。

此时，钢筋的左端部是带直钩的，直钩长度 $=15d=15×25=375$ （mm）。

（5）计算第二排支座负弯矩钢筋向跨内的延伸长度

第二排支座负弯矩钢筋向跨内的延伸长度 $=\dfrac{l_{n1}}{4}=\dfrac{6675}{4}=1669$ （mm）。

（6）KL1 左端支座的第二排支座负弯矩钢筋的水平长度＝470＋1669＝2139（mm）

这排钢筋还有一个 $15d$ 的直钩，直钩长度＝15×25＝375（mm）。所以，这排钢筋每根长度＝2139＋375＝2514（mm）。

【例 3－6】 试计算 KL1 第一跨下部纵筋的长度。混凝土强度等级 C25，二级抗震等级，如图 3－22 所示。

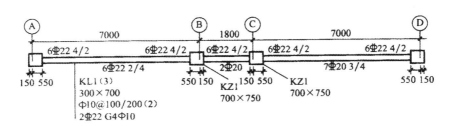

图 3－22 框架梁 KL1

【解】

（1）计算第一排下部纵筋在（A 轴线）端支座的锚固长度

1）判断这个端支座是不是"宽支座"。

$l_{aE}=46d=46×22=1012$（mm）

$0.5h_c+5d=0.5×700+5×22=460$（mm）

所以，$L_d=\max(l_{aE}, 0.5h_c+5d)=1012$（mm），$h_c-30-25=700-30-25=645$（mm）。

由于 $L_d=1012mm＞645$（mm），所以，这个端支座不是"宽支座"。

2）计算下部纵筋在端支座的直锚水平段长度 L_d：

$L_d=h_c-30-25-25=700-30-25-25=620$（mm）

$0.4l_{abE}=0.4×1012=405$（mm）

由于 $L_d=620mm＞405mm$，所以这个直锚水平段长度 L_d 是合适的。

此时，钢筋的左端部是带直钩的，直钩长度＝$15d=15×22=330$（mm）

（2）计算第一跨净跨长度

第一跨净跨长度＝7000－550－550＝5900（mm）。

（3）计算第一跨第一排下部纵筋在（B 轴线）中间支座的锚固长度

中间支座（KZ1）的宽度 $h_c=700$（mm）

$0.5h_c+5d=0.5×700+5×22=460$（mm）

$l_{aE}=46d=46×22=1012mm＞460$（mm）

所以，第一排下部纵筋在（B 轴线）中间支座的锚固长度为1012mm。

（4）KL1 第一跨第一排下部纵筋水平长度＝620＋5900＋1012＝7532（mm）

这排钢筋还有一个 $15d$ 的直钩，直钩长度为330mm。

因此，KL1 第一跨第一排下部纵筋每根长度＝7532＋330＝7862（mm）。

（5）计算第二排下部纵筋在端支座的水锚段平直长度

第二排下部纵筋 2Φ22 的直钩段与第一排纵筋直钩段的净距为25mm，第二排下部纵筋直锚水平段长度＝620－25－25＝570（mm）。

此钢筋的左端部是带直钩的，直钩长度＝$15d=15×22=330$（mm）。

（6）第二排下部纵筋存中间支座的锚固长度第二排下部纵筋存中间支座的锚固长度与第一排下部纵筋相同，第二排下部纵筋在中间支座的锚固长度为 1012mm。

（7）KL1 第一跨第二排下部纵筋水平长度＝570＋5900＋1012＝7482（mm）

这排钢筋还有一个 15d 的直钩，直钩长度为 330mm，因此，KL1 第一跨第二排下部纵筋每根长度＝7482＋330＝7812（mm）。

【例 3 - 7】 抗震等级为二级的抗震框架梁 KL1 为三跨梁，轴线跨度为 3800mm，支座 KZ1 为 500mm×500mm，混凝土强度等级 C25，其中：

集中标注的箍筋为 $\phi 8@100/200$ (4)；

集中标注的上部钢筋为 2 ⊈ 25＋（2 ⊈ 14）；

每跨梁左右支座的原位标注都是 4 ⊈ 25；

请计算 KL1 的架立筋。

【解】

KL1 每跨的净跨长度 l_n ＝3800－500＝3300（mm）

所以，

每跨的架立筋长度＝$\dfrac{l_n}{3}$＋150×2＝1400（mm）

【例 3 - 8】 KL1 下部纵筋如图 3 - 23 所示，抗震等级为二级，C30 混凝土，框架梁保护层厚度为 25mm，柱的保护层厚度为 25mm。请计算 KL1 第二跨下部纵筋长度。

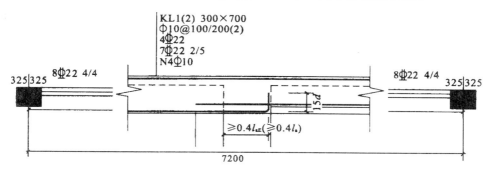

图 3 - 23　KL1 下部纵筋

【解】

KL1 第二跨下部纵筋长度＝7200－325－325＋34×22＋650－25＋15×22＝8253（mm）

3.2　屋面框架梁钢筋翻样

常遇问题

1. 屋面框架梁上部贯通筋长度如何计算？

2. 屋面框架梁上部第一排负弯矩钢筋长度如何计算？

3. 屋面框架梁上部第二排负弯矩钢筋长度如何计算？

【翻样方法】

◆屋面框架梁钢筋翻样

屋面框架除上部通长筋和端支座负弯矩钢筋弯折长度伸至梁底,其他钢筋的算法和楼层框架梁相同,屋面框架梁配筋如图 3-24 所示。

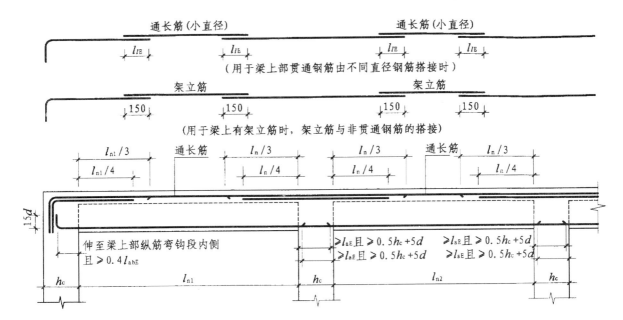

图 3-24 抗震屋面框架梁纵向钢筋构造

h_c——柱截面沿框架方向的高度;d——钢筋直径

(1) 屋面框架梁上部贯通筋长度

屋面框架梁上部贯通筋长度=通跨净长+(左端支座宽-保护层)+(右端支座宽-保护层)

$$+\text{弯折}(\text{梁高}-\text{保护层})\times2 \qquad (3-33)$$

(2) 屋面框架梁上部第一排负弯矩钢筋长度

$$\text{屋面框架梁上部第一排端支座负弯矩钢筋长度}=\frac{\text{净跨}\,l_{n1}}{3}+(\text{左端支座宽}-\text{保护层})$$

$$+\text{弯折}(\text{梁高}-\text{保护层}) \qquad (3-34)$$

(3) 屋面框架梁上部第二排负弯矩钢筋长度

$$\text{屋面框架梁上部第二排端支座负弯矩钢筋长度}=\frac{\text{净跨}\,l_{n1}}{4}+(\text{左端支座宽}-\text{保护层})$$

$$+\text{弯折}(\text{梁高}-\text{保护层}) \qquad (3-35)$$

【实例】

【例 3-9】 WKL2 平法施工图,见图 3-25。试求 WKL2 的上部通长筋。其中,混凝土强度等级为 C30,抗震等级为一级。

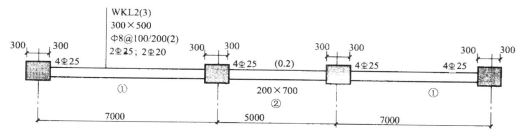

图 3-25 WKL2 平法施工图

【解】

由混凝土强度等级 C30 和一级抗震的条件，查表 2-7 得：梁纵筋混凝土保护层厚度 $c_{梁}=20mm$，支座纵筋钢筋混凝土保护层厚度 $c_{支座}=20mm$。

①号低标高钢筋长度＝净长＋两端支座锚固（查表 3-1 得 $l_{abE}=33d$）

表 3-1　　　　　　　　　　　　受拉钢筋基本锚固长度 l_{ab}、l_{abE}

钢筋种类	抗震等级	混凝土强度等级								
		C20	C25	C30	C35	C40	C45	C50	C55	≥C60
HPB300	一、二级（l_{abE}）	$45d$	$39d$	$35d$	$32d$	$29d$	$28d$	$26d$	$25d$	$24d$
	三级（l_{abE}）	$41d$	$36d$	$32d$	$29d$	$26d$	$25d$	$24d$	$23d$	$22d$
	四级（l_{abE}）非抗震（l_{ab}）	$39d$	$34d$	$30d$	$28d$	$25d$	$24d$	$23d$	$22d$	$21d$
HRB335 HRBF335	一、二级（l_{abE}）	$44d$	$38d$	$33d$	$31d$	$29d$	$26d$	$25d$	$24d$	$24d$
	三级（l_{abE}）	$40d$	$35d$	$31d$	$28d$	$26d$	$24d$	$23d$	$22d$	$22d$
	四级（l_{abE}）非抗震（l_{ab}）	$38d$	$33d$	$29d$	$27d$	$25d$	$23d$	$22d$	$21d$	$21d$
HRB400 HRBF400 RRB400	一、二级（l_{abE}）	—	$46d$	$40d$	$37d$	$33d$	$32d$	$31d$	$30d$	$29d$
	三级（l_{abE}）	—	$42d$	$37d$	$34d$	$30d$	$29d$	$28d$	$27d$	$26d$
	四级（l_{abE}）非抗震（l_{ab}）	—	$40d$	$35d$	$32d$	$29d$	$28d$	$27d$	$26d$	$25d$
HRB500 HRBF500	一、二级（l_{abE}）	—	$55d$	$49d$	$45d$	$41d$	$39d$	$37d$	$36d$	$35d$
	三级（l_{abE}）	—	$50d$	$45d$	$41d$	$38d$	$36d$	$34d$	$33d$	$32d$
	四级（l_{abE}）非抗震（l_{ab}）	—	$48d$	$43d$	$39d$	$36d$	$34d$	$32d$	$31d$	$30d$

端支座弯固＝支座宽－保护层＋$1.7l_{abE}$＝600－20＋1.7×33×25＝1983（mm）

中间支座直锚＝l_{aE}＝34×25＝850（mm）

总长＝7000－600＋1983＋850＝9233（mm）

②号高标高钢筋长度＝净长＋两端支座锚固

中间支座弯锚＝$h_c - c_{支座} + (l_{aE} + \Delta_h) = 600 - 20 + 34 \times 25 + 200 = 1630$（mm）。

总长＝$5000 - 600 + 2 \times 1630 = 7660$（mm）。

3.3 框支梁钢筋翻样

常遇问题

1. 当框支梁下部纵筋为直锚时，框支梁下部纵筋长度如何计算？
2. 当框支梁下部纵筋不为直锚时，框支梁下部纵筋长度如何计算？
3. 框支梁支座负弯矩钢筋如何计算？

【翻样方法】

◆框支梁钢筋翻样

框支梁钢筋构造如图 3 - 26 所示，框支梁钢筋排布构造如图 3 - 27 所示。

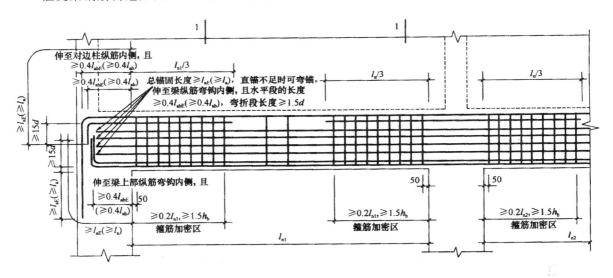

图 3 - 26 框支梁钢筋构造

$$框支梁上部纵筋长度＝梁总长 - 2 \times 保护层厚度 + 2 \times 梁高\ h + 2 \times l_{aE} \qquad (3-36)$$

当框支梁下部纵筋为直锚时：

$$框支梁下部纵筋长度＝梁跨净长\ l_n + 左\ \max(l_{aE}, 0.5h_c + 5d)$$
$$+ 右\ \max(l_{aE}, 0.5h_c + 5d) \qquad (3-37)$$

当框支梁下部纵筋不为直锚时：

$$框支梁下部纵筋长度＝梁总长 - 2 \times 保护层厚度 + 2 \times 15d \qquad (3-38)$$

$$框支梁箍筋数量＝2 \times \left[\frac{\max(0.2l_{n1}, 1.5h_b)}{加密区间距} + 1 \right] + \frac{l_n - 加密区长度}{非加密区间距} - 1 \qquad (3-39)$$

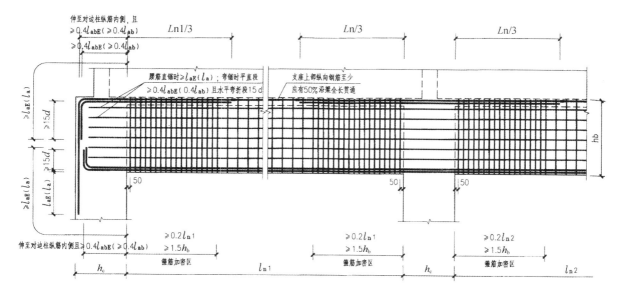

图 3-27 框支梁钢筋排布构造详图

框支梁侧面纵筋同框支梁下部纵筋。

$$框支梁支座负弯矩钢筋 = \max\left(\frac{l_{n1}}{3}, \frac{l_{n2}}{3}\right) + 支座宽(第二排同第一排) \tag{3-40}$$

【实例】

【例 3-10】 KZL1（2）平法施工图，见图 3-28。试求 KZL1（2）的上、下部通长筋，支座负弯矩钢筋，箍筋长度及根数。其中，混凝土强度等级为 C30，抗震等级为一级。

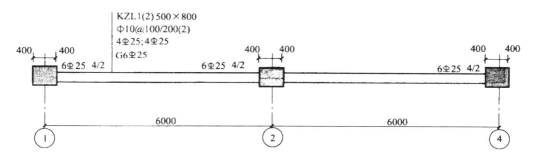

图 3-28 KZL1（2）平法施工图

【解】

由混凝土强度等级 C30 和一级抗震的所给条件，查表 2-7 得：梁纵筋混凝土保护层厚度 $c_{梁}$ = 20mm，支座纵筋钢筋混凝土保护层厚度 $c_{支座}$ = 20mm。

（1）上部通长筋长度＝净长＋两端支座锚固

端支座锚固 = $h_c - c_{梁} + h_b - c_{支座} + l_{aE} = 800 - 20 + 800 - 20 + 34 \times 25 = 2410$ （mm）

总长 = $6000 \times 2 - 800 + 2 \times 2410 = 16020$ （mm）

（2）支座 1 负弯矩钢筋长度＝端支座锚固＋延伸长度

端支座锚固＝$h_c - c_{支座} + 15d = 800 - 20 + 15 \times 25 = 1155$（mm）

延伸长度＝$\dfrac{l_n}{3} = \dfrac{6000 - 800}{3} \approx 1733$（mm）

总长＝$1155 + 1733 = 2888$（mm）

（3）支座 2 负弯矩钢筋长度＝支座宽度＋两端延伸长度

延伸长度＝$\dfrac{l_n}{3} = \dfrac{6000 - 800}{3} \approx 1733$（mm）

总长＝$800 + 1733 \times 2 = 4266$（mm）

（4）支座 3 负弯矩钢筋：同支座 1 负弯矩钢筋

（5）下部通长筋长度＝净长＋两端支座锚固

端支座锚固＝$h_c - c_{支座} + 15d = 800 - 20 + 15 \times 25 = 1155$（mm）

总长＝$6000 \times 2 - 800 + 2 \times 1155 = 13510$（mm）

（6）箍筋长度＝周长＋$2 \times 11.9d = (500 - 40 - 10 + 800 - 40 - 10) \times 2 + 2 \times 11.9 \times 10$

$\qquad\qquad = 2638$（mm）（"-10"是指计算至箍筋中心线）

（7）第 1 跨箍筋根数

加密区长度＝$\max(0.2l_n, 1.5h_b) = \max(0.2 \times 5200, 1.5 \times 800) = 1200$（mm）

加密区根数＝$\dfrac{1200 - 50}{100} + 1 = 13$（根）

非加密区根数＝$\dfrac{5200 - 2400}{200} - 1 = 13$（根）

总根数＝$13 \times 2 + 13 = 39$（根）

（8）第 2 跨箍筋根数：同第一跨

3.4　非框架梁钢筋翻样

常遇问题

1. 非框架梁上部纵筋长度如何计算？

2. 非框架梁为弧形梁时，下部通长筋长度如何计算？

3. 非框架梁为直梁时，下部通长筋长度如何计算？

【翻样方法】

◆非框架梁上部纵筋长度

非框架梁钢筋构造如图 3－29 所示。

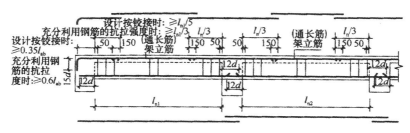

图 3-29　非框架梁钢筋构造

非框架梁上部纵筋长度＝通跨净长 l_n＋左支座宽＋右支座宽－2×保护层厚度＋2×15d　（3-41）

◆ **非框架梁为弧形梁时**

当非框架梁直锚时：

$$下部通长筋长度＝通跨净长 l_n＋2×l_a \qquad (3-42)$$

当非框架梁不为直锚时：

$$下部通长筋长度＝通跨净长 l_n＋左支座宽＋右支座宽－2×保护层厚度＋2×15d \qquad (3-43)$$

$$非框架梁端支座负弯矩钢筋长度＝\frac{l_n}{3}＋支座宽－保护层厚度＋15d \qquad (3-44)$$

$$非框架梁中间支座负弯矩钢筋长度＝\max\left(\frac{l_n}{3},\frac{2l_n}{3}\right)＋支座宽 \qquad (3-45)$$

◆ **非框架梁为直梁时**

$$下部通长筋长度＝通跨净长 l_n＋2×12d \qquad (3-46)$$

当梁下部纵筋为光面钢筋时：

$$下部通长筋长度＝通跨净长 l_n＋2×15d \qquad (3-47)$$

$$非框架梁端支座负弯矩钢筋长度＝\frac{l_n}{5}＋支座宽－保护层厚度＋15d \qquad (3-48)$$

当端支座为柱、剪力墙、框支梁或深梁时：

$$非框架梁端支座负弯矩钢筋长度＝\frac{l_n}{3}＋支座宽－保护层厚度＋15d \qquad (3-49)$$

$$非框架梁中间支座负弯矩钢筋长度＝\max\left(\frac{l_n}{3},\frac{2l_n}{3}\right)＋支座宽 \qquad (3-50)$$

【实例】

【例 3-11】　非框架梁 L3 的箍筋集中标注为 $\phi8@200$（2），KL5 截面宽度为 250mm（正中），如图 3-30 所示，计算非框架梁 L3 的箍筋根数。

【解】

（1）L3 净跨长度＝7500－250＝7250（mm）

（2）布筋范围＝净跨长度－50×2＝7250－50×2＝7150（mm）

（3）计算"布筋范围除以间距"：$\frac{7150}{200}$＝35.75，取整为 36。

（4）箍筋根数＝36＋1＝37（根）

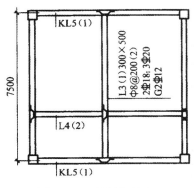

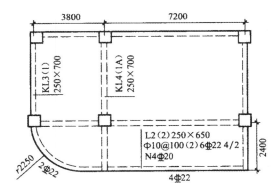

图 3-30 非框架梁 L3　　　　　　　图 3-31 非框架梁 L2

【例 3-12】 非框架梁 L2 第一跨（弧形梁）的箍筋集中标注为 φ10@100（2），如图 3-31 所示。计算非框架梁 L2 第一跨（弧形梁）的箍筋根数。

【解】

（1）L2 第一跨净跨长度＝3800−250＝3550（mm）

所以，直段长度＝3550−（2250−250）＝1550（mm）

（2）"直段长度"的"布筋范围除以间距"＝$\frac{1550-50\times2}{100}=15$

（3）"直段长度"的箍筋根数＝15＋1＝16（根）

（4）"弧形段"的外边线长度＝$3.14\times\frac{2250}{2}=3533$（mm）

（5）由于"弧形段"与"直段长度"相连，而"直段长度"已经两端减去 50mm，而且进行了"加 1"计算，所以，"弧形段"不要减去 50mm，也不执行"加 1"计算。（但是，当"布筋范围除以间距"商数取整时，当小数点后第一位数字非零的时候，也要把商数加 1）

"布筋范围除以间距"＝$\frac{3533}{100}$，约等于 36。取整为 36。

因此，"弧形段"的箍筋根数为 36 根。

（6）非框架梁 L2 第一跨的箍筋根数＝16＋36＝52（根）

3.5　悬挑梁钢筋翻样

常遇问题

1. 悬挑梁上部通长筋长度如何计算？
2. 悬挑梁下部通长筋长度如何计算？
3. 端支座负弯矩钢筋长度如何计算？
4. 悬挑跨跨中钢筋长度如何计算？

【翻样方法】

◆**悬挑梁上部通长筋翻样**

悬挑梁通常按如下方式进行配筋，如图 3-32 所示，排布构造如图 3-33 所示。

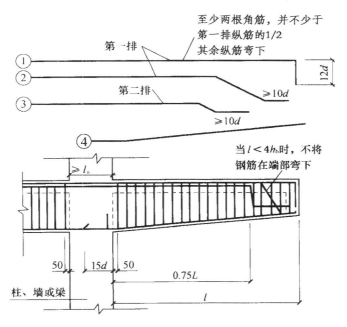

图 3-32 悬挑梁配筋图

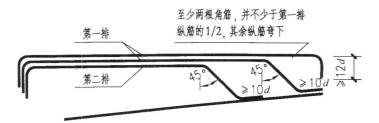

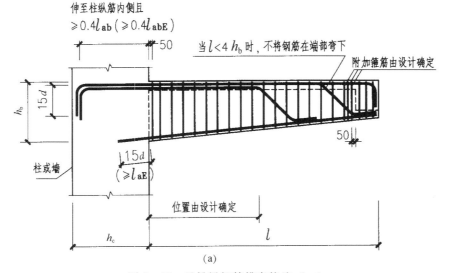

(a)

图 3-33 悬挑梁钢筋排布构造（一）

（a）悬挑梁钢筋直接锚固到柱或墙

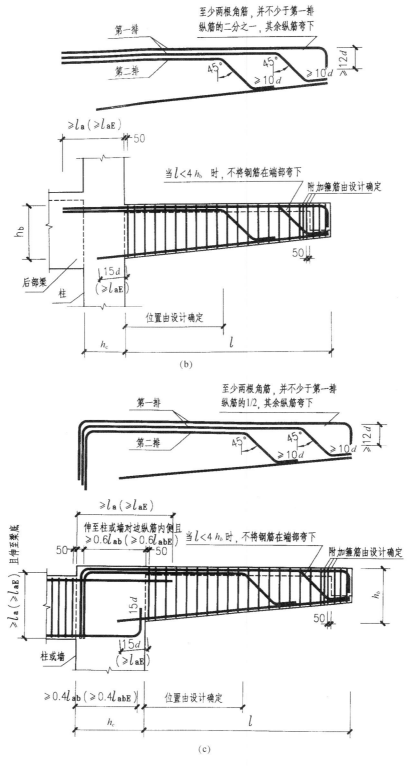

图 3-33 悬挑梁钢筋排布构造 (二)

(b) 悬挑梁钢筋直接锚固在后部梁中；(c) 屋面悬挑梁钢筋直接锚固到柱或墙

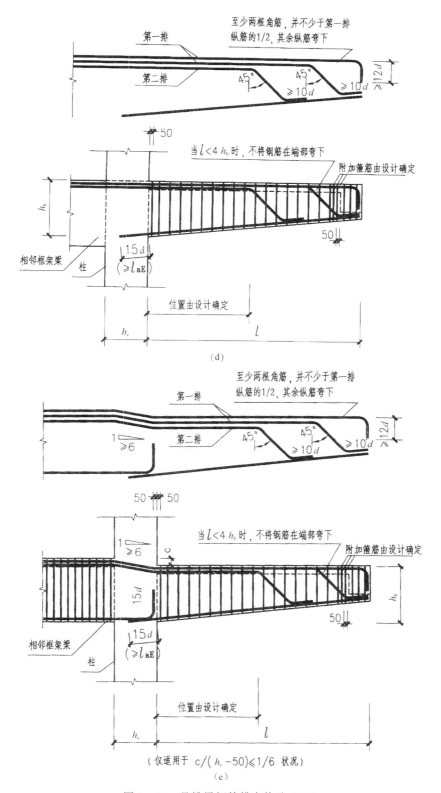

图 3-33　悬挑梁钢筋排布构造（三）

（d）悬挑梁顶面与相邻框架梁顶面平且采用框架梁钢筋；（e）悬挑梁顶面低于相邻框架梁顶面且钢筋采用框架梁钢筋

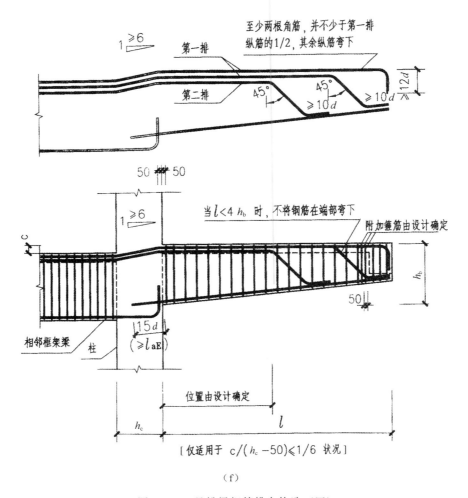

图 3 - 33 悬挑梁钢筋排布构造（四）

（f）悬挑梁顶面高于相邻框架梁顶面且钢筋采用框架梁钢筋

$$悬挑梁上部通长筋长度＝净跨长＋左支座锚固长度＋12d－保护层厚度 \quad (3-51)$$

◆悬挑梁下部通长筋翻样计算

$$悬挑梁下部通长筋长度＝净跨长＋左支座锚固长度 \quad (3-52)$$

◆端支座负弯矩钢筋翻样计算

$$端支座负弯矩钢筋长度（第一排）＝\frac{净跨长}{3}＋支座锚固长度 \quad (3-53)$$

$$端支座负弯矩钢筋长度（第二排）＝\frac{净跨长}{4}＋支座锚固长度 \quad (3-54)$$

◆悬挑跨跨中钢筋翻样计算

$$悬挑跨跨中钢筋长度＝\frac{第一跨净跨长}{3}＋支座宽＋悬挑净跨长＋12d－保护层 \quad (3-55)$$

【实例】

【例3-13】 如图3-32、图3-34所示，试计算悬挑梁上部通长筋。

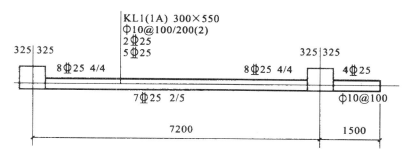

图3-34 悬挑梁

【解】

（1）$l_{aE}=34\times25=850mm>h_c-$保护层$=625mm$，须弯锚。

（2）h_c-保护层$+15d=1000$（mm）

（3）上部通长筋长度$=(7200+1500-25-325)+1000+300=9650$（mm）

（4）钢筋根数：2根。

4

剪力墙构件钢筋翻样

4.1 剪力墙身钢筋翻样

【翻样方法】

◆**基础剪力墙身钢筋翻样**

(1) 插筋长度计算　剪力墙身插筋长度计算公式为:

$$短剪力墙身插筋长度 = 锚固长度 + 搭接长度 1.2 l_{aE} \qquad (4-1)$$

$$长剪力墙身插筋长度 = 锚固长度 + 搭接长度 1.2 l_{aE} + 500 + 搭接长度 1.2 l_{aE} \qquad (4-2)$$

根据图 4-1,基础层剪力墙插筋根数计算如下:

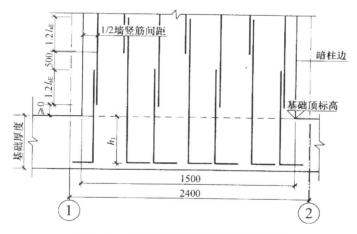

图 4-1　基础层剪力墙插筋根数计算图

$$插筋总根数 = \left(\frac{剪力墙身净长 - 2 \times 插筋间距}{插筋间距} + 1 \right) \times 排数 \qquad (4-3)$$

(2) 基础层剪力墙身水平筋翻样　剪力墙身水平钢筋包括水平分布筋、拉筋形式。

剪力墙水平分布筋有外侧钢筋和内侧钢筋两种形式,当剪力墙有两排以上钢筋网时,最外一层按外侧钢筋计算,其余则均按内侧钢筋计算。

1) 外侧与内侧水平筋长度计算公式为:

$$外侧水平筋长度 = 墙外侧长度 - 2 \times 保护层厚度 + 15d \times n \qquad (4-4)$$

$$内侧水平筋长度 = 墙外侧长度 - 2 \times 保护层厚度 + 15d \times 2 - 外侧钢筋直径 d \times 2 - 25 \times 2 \qquad (4-5)$$

$$基本层水平筋根数 = \left(\frac{基础高度 - 基础保护层}{500} + 1 \right) \times 排数 \qquad (4-6)$$

2）拉筋翻样。根据图4-2，基础层拉筋根数计算如下：

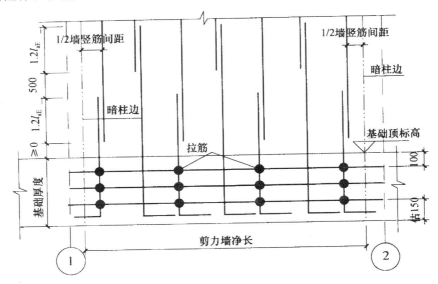

图4-2 基础层剪力墙拉筋根数计算图

$$基础层拉筋根数=\left(\frac{墙净长-竖向插筋间距\times2}{拉筋间距}+1\right)\times基础水平筋排数 \qquad (4-7)$$

◆中间层剪力墙身钢筋翻样

中间层剪力墙身钢筋量有竖向分布筋与水平分布筋。

（1）竖向分布筋翻样　根据图4-3，中间层剪力墙竖向分布筋翻样计算公式如下：

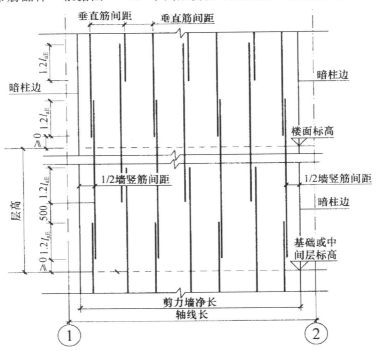

图4-3 中间层剪力墙竖向分布筋布置图

$$长度 = 中间层层高 + 1.2l_{aE} \tag{4-8}$$

$$根数 = \left(\frac{剪力墙身长 - 2 \times 竖向分布筋间距}{竖向分布筋间距} + 1\right) \times 排数 \tag{4-9}$$

（2）水平分布筋翻样　水平分布筋翻样，无洞口时计算方法与基础层相同；有洞口时水平分布筋翻样方法为：

$$外侧水平筋长度 = 外侧墙长度（减洞口长度后） - 2 \times 保护层厚度 + 15d \times 2 + 15d \times n \tag{4-10}$$

$$内侧水平筋长度 = 外侧墙长度（减洞口长度后） - 2 \times 保护层厚度 + 15d \times 2 + 15d \times 2 \tag{4-11}$$

$$水平筋根数 = \left(\frac{布筋范围 - 50}{墙身水平筋间距} + 1\right) \times 排数 \tag{4-12}$$

◆ 顶层剪力墙身钢筋翻样

顶层剪力墙身钢筋量有竖向分布筋与水平分布筋。

（1）水平钢筋方法翻样同中间层。

（2）顶层剪力墙身竖向钢筋翻样方法。

$$长钢筋长度 = 顶层层高 - 顶层板厚 + 锚固长度 l_{aE} \tag{4-13}$$

$$短钢筋长度 = 顶层层高 - 顶层板厚 - 1.2l_{aE} - 500 + 锚固长度 l_{aE} \tag{4-14}$$

$$根数 = \left(\frac{剪力墙净长 - 竖向分布筋间距 \times 2}{竖向分布筋间距} + 1\right) \times 排数 \tag{4-15}$$

◆ 剪力墙身变截面处钢筋翻样

剪力墙变截面处钢筋的锚固包括两种形式：倾斜锚固及当前锚固与插筋组合。根据剪力墙变截面钢筋的构造措施，可知剪力墙纵筋的计算方法。

变截面处倾斜锚入上层的纵筋翻样方法（如图4-4所示）：

$$变截面处倾斜纵筋长度 = 层高 + 斜度延伸值 + 搭接长度 1.2l_{aE} \tag{4-16}$$

变截面处倾斜锚入上层的纵筋长度计算方法：

$$当前锚固纵筋长度 = 层高 - 板保护层 + 墙厚 - 2 \times 墙保护层厚度 \tag{4-17}$$

$$插筋长度 = 锚固长度 1.5l_{aE} + 搭接长度 1.2l_{aE} \tag{4-18}$$

◆ 剪力墙拉筋翻样

拉筋计算包括拉筋长度计算与根数计算两部分。拉筋长度计算与柱单肢箍计算方法相同，此处省略；根据剪力墙身拉筋的设置要求，除了边框梁拉筋长度与剪力墙身拉筋长度计算方法不同外，其他墙梁拉筋布置可以与墙身相同。这里可以近似采用除边框梁之外的所有拉筋根数全部计算出来的方法。

拉筋根数计算方法为：

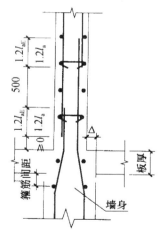

图4-4　剪力墙变截面处垂直筋倾斜锚入上层示意图

$$根数 = \frac{剪力墙总面积 - 洞口面积 - 边框梁面积}{拉筋间距 \times 拉筋间距} \tag{4-19}$$

【实例】

【例 4-1】 剪力墙连梁和端柱，结构抗震等级为一级，C30 混凝土，墙柱柱保护层为 30mm，轴线居中，基础顶标高为 -1.000mm，基础高度为 1000mm，墙柱采用机械连接，墙身采用绑扎搭接，其他条件如图 4-5 所示。计算图中 Q1 的钢筋量。

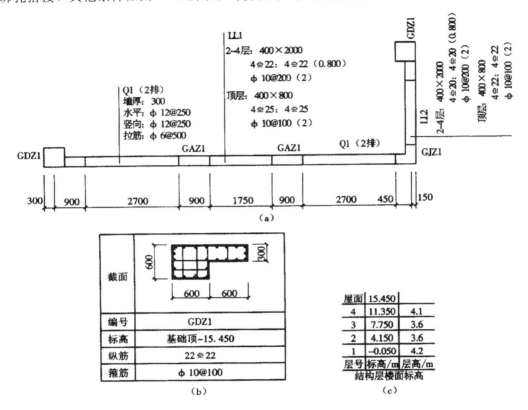

图 4-5 剪力墙平法标注内容

(a) 平面布置与截面注写内容；(b) 墙柱表注写内容；(c) 结构层楼面标高和结构层高

【解】

Q1 标注内容：墙 1 的钢筋网有两排，墙厚为 300mm，水平和竖向分布钢筋均为 $\phi12$ 的钢筋，间距为 250mm，拉筋为 $\phi6$ 的钢筋，间距为 500mm。

(1) 墙身水平钢筋。Q1 水平钢筋为 $\phi12@250$，在连梁位置水平分布钢筋贯通设置为剪力墙连梁的腰筋，因此，在墙 1 钢筋计算时，水平钢筋有两种长度，如图 4-6 所示。

①号钢筋长度 $= 1200 + 2700 + 900 - 2 \times 30 + 15 \times 12 \times 2 = 5100$（mm）

$$钢筋根数 = \left(\frac{4150 + 1000 - 1200 - 250}{250} + 1 \right) + \left(\frac{3600 - 2000 - 250}{250} + 1 \right) \times 2$$

$$+ \left(\frac{4100 - 800 - 800 - 250}{250} + 1 \right)$$

$$= 16 + 7 \times 2 + 10$$

$$= 40 \text{（根）}$$

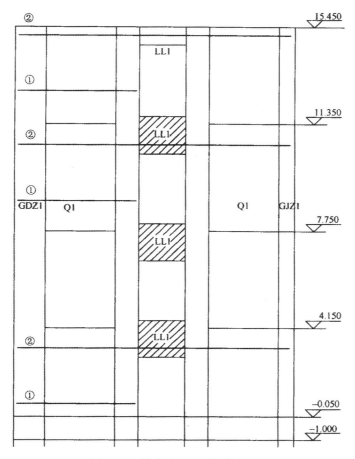

图 4-6 剪力墙身水平钢筋布置

②号钢筋长度 = 1200 + 2700 + 900 + 1750 + 900 + 2700 + 600 - 2 × 15 + 15 × 12 × 2 = 10360 (mm)

$$钢筋根数 = \left(\frac{1000-40}{500}+1\right) + \frac{2000-250}{250} × 3 + \frac{800-250}{250} = 3 + 21 + 3 = 27（根）$$

（2）墙身竖向钢筋。Q1 竖向钢筋为 $\phi12@250$，竖向钢筋从基础插筋至顶层布置。

基础插筋：锚固长度 $l_{aE} = 34d = 34 × 12 = 408$（mm）。

搭接长度 $1.2l_{aE} = 1.2 × 408 = 489.6$（mm）

插筋采用直锚形式：部分钢筋（30%）伸至基础底部水平弯折 max(6d，150mm)，其余钢筋伸至基础中，满足最小锚固长度 l_{aE} 即可。

弯折钢筋长度 = $1.2l_{aE}$ + 1000 - 40 + 150 = 1599.6（mm）（4ϕ12）

直锚钢筋长度 = $1.2l_{aE}$ + 408 = 897.6（mm）（7ϕ12）

中间层钢筋长度 = 11350 + 1000 + 3 × $1.2l_{aE}$ = 13818.8（mm）（11ϕ12）

顶层钢筋长度 = 4100 - 100 + l_{aE} = 4408（mm）（11ϕ12）

$$钢筋根数 = \frac{2700-250}{250} + 1 = 11（根）$$

【例 4-2】 如图 4-7 所示用截面注写方式表达的剪力墙施工图，属三级抗震，剪力墙和基础混凝土强度等级均为 C25，剪力墙和板的保护层厚度均为 15mm，基础保护层厚度为 40mm。各层楼板厚度均为 100mm，基础厚度为 1200mm。如图 4-8 和图 4-9 所示为剪力墙墙身竖向分布筋和水平分布筋构造。试计算墙身钢筋。

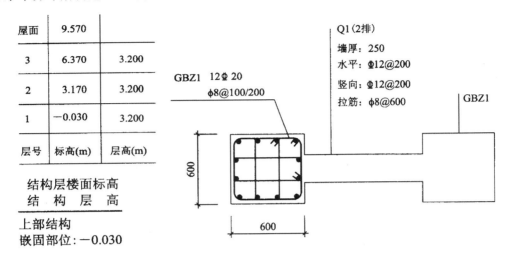

屋面	9.570	
3	6.370	3.200
2	3.170	3.200
1	−0.030	3.200
层号	标高(m)	层高(m)

结构层楼面标高
结 构 层 高

上部结构
嵌固部位：−0.030

图 4-7 剪力墙平法施工图截面注写方式

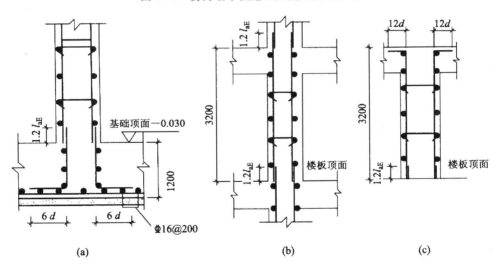

图 4-8 剪力墙墙身竖向分布钢筋
（a）基础部分；（b）中间层（一层、二层）；（c）顶层（三层）

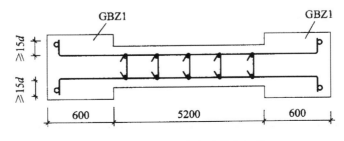

图 4-9 剪力墙墙身水平分布钢筋

【解】

(1) 基础部分如图 4-8 (a) 所示。

1) 竖向插筋

$l_{aE}=\zeta_{aE}\cdot l_a=\zeta_{aE}\cdot\zeta_a\cdot l_{ab}=1.05\times0.7\times40\times12=352.8$ (mm) $<h_j=1200$ (mm)

故

弯折长度$=6d$

插筋长度$=$基础内高度$+$基础内弯钩$+$搭接长度$=1200-40-16\times2+6\times12+1.2\times352.8$

$\qquad=1623.36$ (mm)

插筋根数$=$排数$\times\left(\dfrac{墙净长-\frac{1}{2}竖向筋间距\times2}{竖向筋间距}+1\right)=2\times\left(\dfrac{5200-100\times2}{200}+1\right)=52$ (根)

2) 水平分布筋

长度$=$(端柱截面尺寸$-$保护层$-$端柱箍筋直径$-$端柱外侧纵筋直径)$\times2+$墙净长$+$弯折长度$\times2$

$\qquad=(600-20-8-20)\times2+5200+15\times12\times2$

$\qquad=6664$ (mm)（弯折长度见图 4-9 所示为 $15d$）

由于基础内设置水平分布筋与拉筋的要求是：间距不大于 500mm，且不少于两道。

因此，基础内水平筋根数至少$=2\times4=8$ (根)

3) 拉筋 (按中心线计算)

拉筋长度$=$墙厚$-$保护层厚度$\times2-d+11.9d\times2=250-15\times2-8+11.9\times8\times2$

$\qquad=402.4$ (mm)（d 为拉筋直径）

拉筋根数$=\dfrac{墙净面积}{拉筋的布置面积}=\dfrac{1200\times52000}{600\times600}=18$ (根)

(2) 中间层 (一层)，如图 4-8 (b) 所示。

1) 竖向钢筋

钢筋长度$=$层高$+$上面搭接长度$=3200+1.2\times352.8=3623.36$ (mm)

钢筋根数$=$排数$\times\left(\dfrac{墙净长-\frac{1}{2}竖向筋间距\times2}{竖向筋间距}+1\right)=2\times\left(\dfrac{5200-100\times2}{200}+1\right)=52$ (根)

2) 水平钢筋

钢筋长度$=$(端柱截面尺寸$-$保护层$-$端柱箍筋直径$-$端柱外侧纵筋直径)$\times2+$墙净长$+$弯折长度$\times2$

$\qquad=(600-20-8-20)\times2+5200+15\times12\times2$

$\qquad=6664$ (mm)

钢筋根数$=$排数$\times\left(\dfrac{墙净高-\frac{1}{2}水平筋间距\times2}{水平筋间距}+1\right)=2\times\left(\dfrac{3200-100-100\times2}{200}+1\right)$

$\qquad=31$ (根)（实际对称布置为 32 根）

3) 拉筋

拉筋长度$=$墙厚$-$保护层$\times2-d+11.9d\times2=250-15\times2-8+11.9\times8\times2$

$\qquad=402.4$ (mm)（d 为拉筋直径）

$$拉筋根数 = \frac{一层墙净面积}{拉筋的布置面积} = \frac{(3200-100) \times 5200}{600 \times 600} = 45 （根）$$

（3）中间层（二层），如图 4-8（b）所示。

计算同中间层（一层）。

（4）顶层（三层），如图 4-8（c）所示。

1）竖向钢筋

钢筋长度＝层高－保护层＋12d＝3200－15＋12×12

$\qquad$ ＝3329（mm）（12d 为墙身竖向钢筋在屋面板内的弯折长度）

钢筋根数同中间层。

2）水平钢筋

水平钢筋长度和根数同中间层。

3）拉筋

拉筋长度和根数同中间层。

【例 4-3】 根据图 4-10 所示，试对 Q1 基础插筋及标高 4.470m 以下剪力墙身钢筋翻样计算。（基础及墙身混凝土强度为 C30，剪力墙抗震等级为三级，基础底部标高为－2.700m，条形基础高度为 550m）。

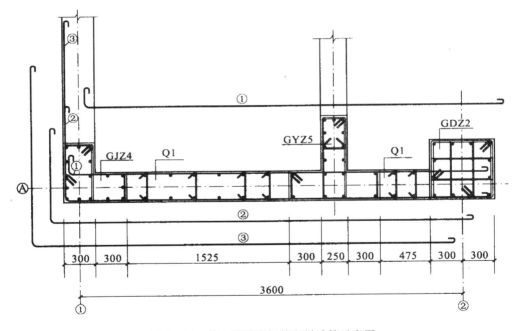

图 4-10 剪力墙墙身钢筋翻样计算示意图

【解】

（1）基础插筋计算

1）插筋锚入基础长度＝550－40－16－10＝484（mm）

$l_{aE} = 25d = 25 \times 12 = 300 （mm）$

$\frac{484}{300} = 1.6 \geq 0.8 l_{aE}$

弯钩长度 $a = 6d = 72m < 150m$，根据构造要求取 150mm。

2）根据剪力墙身竖向钢筋连接位置三级抗震等级可在同一部位连接。

搭接长度 $= 1.2l_{aE} = 1.2 \times 300 = 360$（mm）

3）墙身插筋计算：

插筋长度 $L_1 = 484 + 150 + 360 + 6.25 \times 12 - 2 \times 12 = 1045$（mm）

插筋根数 $n_1 = \dfrac{1525 + 15 + 15 + 10 + 11 + 10 + 10}{250} - 1 = 7 - 1 = 6$（根）

插筋 $n_2 = \dfrac{475 + 15 + 15 + 10 + 12.5 + 10 + 10}{250} - 1 = 3 - 1 = 2$（根）

两排总根数 $N = 2 \times (6 + 2) = 16$（根）

本例由于基础埋深不大，施工时若将基础插筋伸到地面以上，则插筋长度为：

$L_2 = 484 + 150 + 360 + 6.25 \times 12 - 2 \times 12$(90°弯折量度差)$+ (-0.030 + 2.70 - 0.55) \times 1000$
$= 3165$（mm）

（2）$-0.030 \sim 4.470$m 竖向分布钢筋计算

楼层竖向钢筋均可分层按下式计算（本例做 180°弯钩，不做 5d 直钩）：

下料长度＝层高－露出本层的高度＋伸出上层外露长度＋与上层钢筋搭接长度

$L_3 = 4500 + 360 + 6.25 \times 12 \times 2 = 5010$（mm）

钢筋根数同上，$N = 2 \times (6 + 2) = 16$（根）

（3）墙身水平分布钢筋翻样计算

①号水平分布钢筋翻样计算：

根据构造要求①号钢筋一段伸入 GJZ4 竖向钢筋内侧弯 15d，另一段伸入 GDZ2 平直长度 $600 - 30 - 25 = 545 > l_{aE} = 25d = 25 \times 12 = 300$（mm），可不弯折 15d，末端做 180°弯钩，90°弯折量度差取 2d。

$L_4 = 3600 + 300 + 150 - 30 - 15 - 12 - 22 - 25 + 15 \times 12 + 6.25 \times 12 \times 2 - 2 \times 12 = 4252$（mm）

①号水平分布钢筋根数计算：

基础顶面以下设置两道 $n_1 = 2$（根）

从 -0.030m～基础顶面：

$n_2 = \dfrac{2700 - 30 - 50 - 550}{250} + 1 = 9$（根）

从 $-0.030 \sim 4.470$m：

$n_3 = \dfrac{4500 - 50}{250} + 1 = 19$（根）

共计根数 $n = 2 + 9 + 19 = 30$（根）

②号水平分布钢筋翻样计算：

$L_5 = 3600 + 300 + 150 - 15 - 30 - 25 + 600 + 1.2 \times 25 \times 12 + 2 \times 6.25 \times 12 - 2 \times 12$
$= 5066$（mm）

②号水平分布钢筋根数 $n = 2 + 9 + 19 = 30$（根）

③号水平分布钢筋翻样计算：

$L_6 = L_5 + 500 + 1.2 \times 25 \times 12 = 5926$（mm）

③号水平分布钢筋根数 $n = 2 + 9 + 19 = 30$（根）

（4）墙身拉筋翻样计算

长度＝墙厚－2×保护层＋max(75＋1.9d，11.9d)×2＋2d。

拉筋长度 L_7＝300－15×2（水平分布筋保护层）＋（75＋1.9×6）×2＋6×2＝455（mm）

拉筋根数一般为估算：

$$根数＝\frac{墙面积－洞面积－墙柱面积－墙梁面积}{横向间距×纵向间距}$$

基础布置 2 排，－0.030 标高以下墙体布置 4 排，－0.030～4.470 标高布置 9 排。根据拉筋的设计要求及拉筋的排布规则，每排拉筋布置 6 根。

总计布置拉筋根数 n＝2×6(基础顶面以下)＋4×6(－0.030～基础顶面)＋9×6(－0.030～4.470)
＝90（根）

4.2 剪力墙柱钢筋翻样

常遇问题
1. 墙柱基础层插筋如何翻样？
2. 墙柱中间层纵筋如何翻样？
3. 墙柱顶层纵筋如何翻样？
4. 墙柱箍筋如何翻样？

【翻样方法】

◆基础层插筋翻样

墙柱基础插筋如图 4-11、图 4-12 所示，翻样方法为：

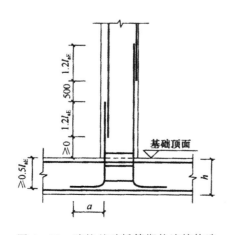

图 4-11 暗柱基础插筋绑扎连接构造

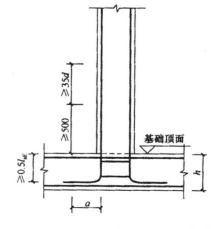

图 4-12 暗柱基础插筋机械连接构造

插筋长度＝插筋锚固长度＋基础外露长度　　　　　　　　　　　　（4-20）

◆ 中间层纵筋翻样

中间层纵筋如图 4-13、图 4-14 所示,翻样方法为:

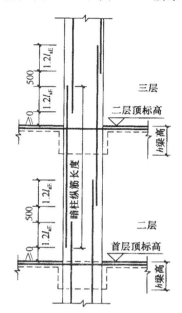

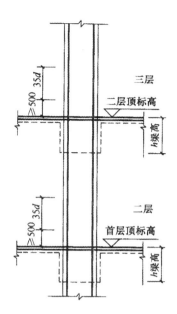

图 4-13 暗柱中间层钢筋绑扎连接构造   图 4-14 暗柱中间层机械连接构造

绑扎连接时:

$$纵筋长度 = 中间层层高 + 1.2l_{aE} \qquad (4-21)$$

机械连接时:

$$纵筋长度 = 中间层层高 \qquad (4-22)$$

◆ 顶层纵筋翻样

顶层纵筋如图 4-15、图 4-16 所示,翻样方法为:

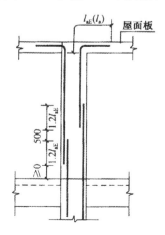

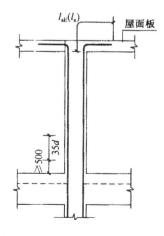

图 4-15 暗柱顶层钢筋绑扎连接构造   图 4-16 暗柱顶层机械连接构造

绑扎连接时：

$$与短筋连接的钢筋长度＝顶层层高－顶层板厚＋顶层锚固总长度 l_{aE} \quad (4-23)$$

$$与长筋连接的钢筋长度＝顶层层高－顶层板厚－(1.2l_{aE}+500)＋顶层锚固总长度 l_{aE}$$

$$(4-24)$$

机械连接时：

$$与短筋连接的钢筋长度＝顶层层高－顶层板厚－500＋顶层锚固总长度 l_{aE} \quad (4-25)$$

$$与长筋连接的钢筋长度＝顶层层高－顶层板厚－500－35d＋顶层锚固总长度 l_{aE} \quad (4-26)$$

◆ **变截面纵筋翻样**

剪力墙柱变截面纵筋的锚固形式如图 4-17 所示，包括倾斜锚固与当前锚固加插筋两种形式。

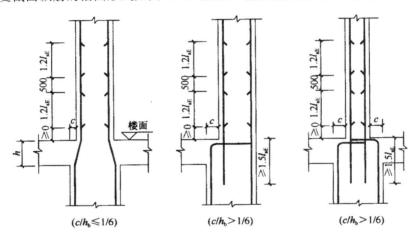

图 4-17 变截面钢筋绑扎连接

倾斜锚固钢筋长度翻样方法：

$$变截面处纵筋长度＝层高＋斜度延伸长度(+1.2l_{aE}) \quad (4-27)$$

当前锚固钢筋和插筋长度翻样方法：

$$当前锚固纵筋长度＝层高－非连接区－板保护层＋下墙柱柱宽－2×墙柱保护层 \quad (4-28)$$

$$变截面上层插筋长度＝锚固长度 1.5l_{aE}＋非连接区(+1.2l_{aE}) \quad (4-29)$$

◆ **墙柱箍筋翻样**

(1) 基础插筋箍筋根数

$$根数＝\frac{基础高度－基础保护层}{500}+1 \quad (4-30)$$

(2) 底层、中间层、顶层箍筋根数

绑扎连接时：

$$根数＝\frac{2.4l_{aE}+500-50}{加密间距}+\frac{层高－搭接范围}{间距}+1 \quad (4-31)$$

机械连接时：根据图 4-18 和图 4-19，箍筋根数计算公式如下：

$$根数＝\frac{层高－50}{箍筋间距}+1 \quad (4-32)$$

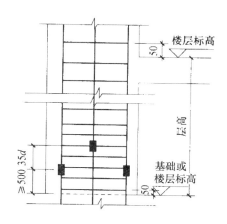
图 4-18 底层、中间层箍筋根数计算图（机械连接）

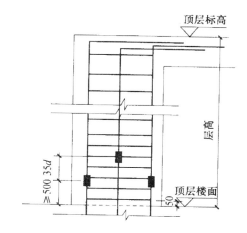
图 4-19 顶层箍筋根数计算图（机械连接）

◆拉筋翻样

（1）基础拉筋根数

$$基础层拉筋根数=\left(\frac{基础高度-基础保护层厚度\ c}{500}+1\right)\times每排拉筋根数 \qquad (4-33)$$

（2）底层、中间层、顶层拉筋根数

$$基础拉筋根数=\left(\frac{层高-50}{间距}+1\right)\times每排拉筋根数 \qquad (4-34)$$

【实例】

【例4-4】 剪力墙连梁和端柱，结构抗震等级为一级，C30混凝土，墙柱柱保护层为30mm，轴线居中，基础顶标高为-1.000mm，基础高度为1000mm，墙柱采用机械连接，墙身采用绑扎搭接，其他条件如图4-5所示。计算图中GDZ1的钢筋量。

【解】

GDZ1标注内容：构造端柱1截面形式如墙柱表所示，纵筋为22 Φ 22，箍筋为 ϕ10 钢筋，间距为100mm，箍筋的形式，如图4-20所示。

（1）GDZ1纵筋计算

基础插筋部位：$h-c=1000-40=960$（mm），$d=22$（mm），$l_{aE}=34d=748$（mm）。

基础插筋角筋长度=500+960+150=1610(mm)(7 Φ 22)

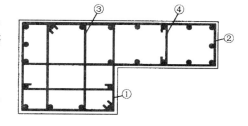
图 4-20 构造端柱1箍筋示意图

基础插筋中部钢筋长度=500+748=1248（mm）（15 Φ 22）

中间层钢筋长度=11350+1000+500-500=12350（mm）（22 Φ 22）

顶层钢筋长度=15450-11350-500-100+748=4248（mm）（22 Φ 22）

（2）箍筋计算（如图4-20所示）

1）箍筋长度计算：

①号箍筋长度=$(600-2\times30+2\times10)\times4+2\times11.9\times10=2478$（mm）

②号箍筋长度=$(1200-2\times30+2\times10+300-2\times30+2\times10)\times2+2\times11.9\times10=3078$（mm）

③号箍筋长度 $= \left(\dfrac{600-2\times30-22}{3}+22+2\times10+600-2\times30+2\times10 \right) \times2$
$\qquad +2\times11.9\times10=1787\ (\text{mm})$

④号箍筋长度 $=300-2\times30+2\times10+2\times10+2\times11.9\times10=518\ (\text{mm})$

2）箍筋根数计算：

箍筋根数 $= \dfrac{1000-40}{500}+1+\dfrac{5150-2\times50}{100}+1+\left(\dfrac{3600-2\times50}{100}+1 \right)\times2+\dfrac{4100-2\times50}{100}+1$
$\qquad =168\ (\text{根})$

4.3 剪力墙梁钢筋翻样

常遇问题

1. 剪力墙单洞口连梁钢筋如何翻样？
2. 剪力墙双洞口连梁钢筋如何翻样？
3. 剪力墙连梁拉筋如何翻样？
4. 剪力墙暗梁钢筋如何翻样？

【翻样方法】

◆剪力墙单洞口连梁钢筋翻样

当洞口两侧水平段长度不能满足连梁纵筋直锚长度 $\geqslant \max[l_{aE}(l_a),\ 600\text{mm}]$ 的要求时，可采用弯锚形式，连梁纵筋伸至墙外侧纵筋内侧弯锚，竖向弯折长度为 $15d$（d 为连梁纵筋直径），如图 4-21（a）所示。钢筋排布构造如图 4-22 所示。

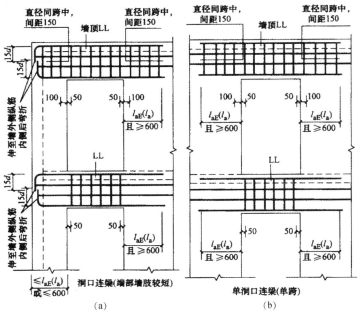

图 4-21 单洞口连梁钢筋构造
(a) 墙端部洞口连梁构造；(b) 墙中部洞口连梁构造

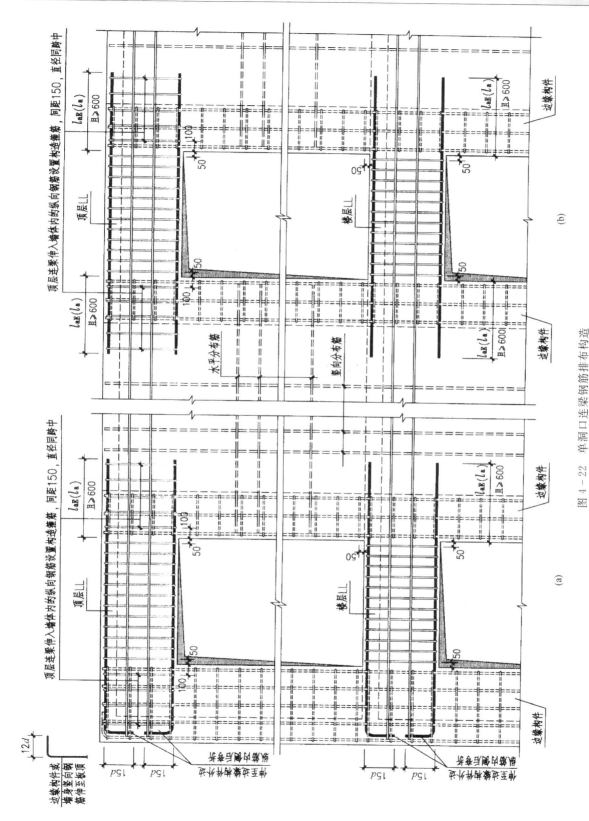

图 4 - 22 单洞口连梁钢筋排布构造

(a) 墙端部洞口连梁构造；(b) 墙中部洞口连梁构造

中间层单洞口连梁钢筋翻样方法：

$$连梁纵筋长度＝左锚固长度＋洞口长度＋右锚固长度 \qquad (4-35)$$

$$箍筋根数＝\frac{洞口宽度－2×50}{间距}＋1 \qquad (4-36)$$

顶层单洞口连梁钢筋翻样方法：

$$连梁纵筋长度＝左锚固长度＋洞口长度＋右锚固长度 \qquad (4-37)$$

箍筋根数＝左墙肢内箍筋根数＋洞口上箍筋根数＋右墙肢内箍筋根数

$$＝\frac{左侧锚固长度水平段－100}{150}＋1＋\frac{洞口宽度－2×50}{间距}＋1$$

$$＝\frac{右侧锚固长度水平段－100}{150}＋1 \qquad (4-38)$$

◆剪力墙双洞口连梁钢筋翻样

当两洞口的洞间墙长度不能满足两侧连梁纵筋直锚长度 $\min[l_{aE}\ (l_a)，1200mm]$ 的要求时，可采用双洞口连梁，如图 4-23 所示。钢筋排布构造如图 4-24 所示。其构造要求为：连梁上部、下部、侧面纵筋连续通过洞间墙，上下部纵筋锚入剪力墙内的长度要求为 $\max(l_{aE}，600mm)$。

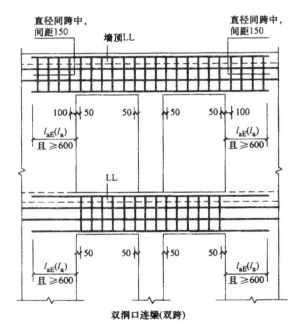

图 4-23 双洞口连梁构造

中间层双洞口连梁钢筋翻样方法：

$$连梁纵筋长度＝左锚固长度＋两洞口宽度＋洞口墙宽度＋右锚固长度 \qquad (4-39)$$

$$箍筋根数＝\frac{洞口1宽度－2×50}{间距}＋1＋\frac{洞口2宽度－2×50}{间距}＋1 \qquad (4-40)$$

顶层双洞口连梁钢筋翻样方法：

$$连梁纵筋长度＝左锚固长度＋两洞口宽度＋洞间墙宽度＋右锚固长度 \qquad (4-41)$$

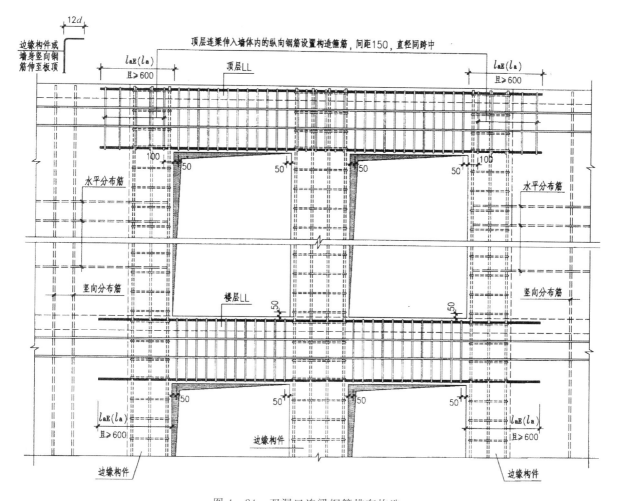

图 4-24　双洞口连梁钢筋排布构造

$$\text{箍筋根数} = \frac{\text{左锚固长度} - 100}{150} + 1 + \frac{\text{两洞口宽度} + \text{洞间墙} - 2 \times 50}{\text{间距}} + 1$$
$$+ \frac{\text{右锚固长度} - 100}{150} + 1 \tag{4-42}$$

◆剪力墙连梁拉筋翻样

$$\text{拉筋根数} = \left(\frac{\text{连梁净宽} - 2 \times 50}{\text{箍筋间距} \times 2} + 1 \right) \times \left(\frac{\text{连梁高度} - 2 \times \text{保护层厚度}}{\text{水平筋间距} \times 2} + 1 \right) \tag{4-43}$$

◆暗梁钢筋翻样

（1）暗梁纵筋计算

1）A 轴线暗梁纵筋平面图如图 4-25 所示。

2）3 轴线暗梁纵筋平面图如图 4-26 所示。

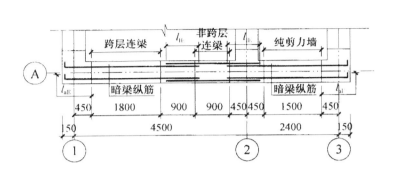

图 4-25 A轴线暗梁纵筋平面图

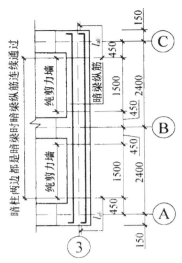

图 4-26 3轴线暗梁纵筋平面图

由图 4-25、图 4-26 可以看出：暗梁纵筋遇到跨层连梁时连续通过，遇到纯剪力墙里时连续通过，遇到非跨层连梁时不连续通过。

1）连续通过暗梁纵筋长度计算公式如下：

$$长度=净长+左右暗梁锚固长度 \qquad (4-44)$$

2）不连续通过暗梁纵筋长度计算公式如下：

$$长度=净长-连梁纵筋长度+与连梁纵筋的搭接 \qquad (4-45)$$

（2）暗梁箍筋计算

1）暗梁箍筋长度按下式计算：

$$暗梁箍筋长度=(b+h)\times2-8c+1.9d\times2+\max(10d,75\text{mm})\times2 \qquad (4-46)$$

2）暗梁箍筋根数按图 4-27 计算。

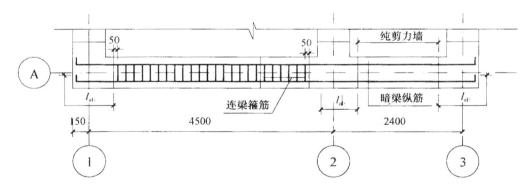

图 4-27 暗梁箍筋排列图

根据图 4-27 推导暗梁箍筋根数计算公式如下：

$$根数=\frac{净跨-洞口宽-50\times2}{箍筋间距}+1 \qquad (4-47)$$

【实例】

【例 4 - 5】 单洞口 LL1 施工图，见图 4-28。设混凝土强度为 C30，抗震等级为一级，计算连梁 LL1 中的各种钢筋。

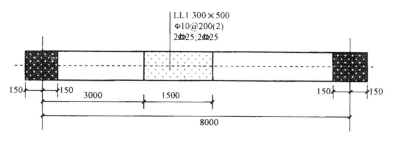

图 4-28 LL1 钢筋计算图

【解】

由表 3-1 查得，混凝土强度为 C30，抗震等级为一级时，$l_{ab}=33d$，再由表 4-1、表 4-2 得 $l_{aE}=38d$。

表 4-1 　　　　　　　　　　　　　受拉钢筋锚固长度 l_a、抗震锚固长度 l_{aE}

非抗震	抗震	注：1. l_a 不应小于 200mm
$l_a=\zeta_a l_{ab}$	$l_{aE}=\zeta_{aE}l_a$	2. 锚固长度修正系数 ζ_a 按表 4-2 取用，当多于一项时，可按连乘计算，但不应小于 0.6 3. ζ_{aE} 为抗震锚固长度修正系数，对一级、二级抗震等级取 1.15，对三级抗震等级取 1.05，对四级抗震等级取 1.00

注：1. HPB300 级钢筋末端应做 180°弯钩，弯后平直段长度不应小于 3d，但作受力钢筋时可不做弯钩。

　　2. 当锚固钢筋的保护层厚度不大于 5d 时，锚固钢筋长度范围内应设置横向构造钢筋，其直径不应小于 $\frac{d}{4}$（d 为锚固钢筋的最大直径）；对梁、柱等构件间距不应大于 5d，对板、墙等构件间距不应大于 10d，且均不应大于 100mm（d 为锚固钢筋的最小直径）。

表 4-2 　　　　　　　　　　　　　　　受拉钢筋锚固长度修正系数 ζ_a

锚固条件		ζ_a	
带肋钢筋的公称直径大于 25mm		1.10	
环氧树脂涂层带肋钢筋		1.25	—
施工过程中易受扰动的钢筋		1.10	
锚固区保护层厚度	3d	0.80	注：中间时按内插值。d 为锚固钢筋的直径
	5d	0.70	

（1）中间层

1）上、下部纵筋

计算公式＝净长＋两端锚固

锚固长度＝max(l_{aE}，600）＝max(38×25，600)＝950（mm）

总长度＝1500+2×950＝3400（mm）

2）箍筋长度

箍筋长度＝2×[(300-2×15)+(500-2×15)]+2×11.9×10＝1718（mm）

3）箍筋根数

箍筋根数$=\dfrac{1500-2\times50}{20}+1=8$（根）

（2）顶层

1）上、下部纵筋

计算公式＝净长＋两端锚固

锚固长度$=\max(l_{aE}，600)=\max(38\times25，600)=950$（mm）

总长度$=1500+2\times950=3400$（mm）

2）箍筋长度

箍筋长度$=2\times[(300-2\times15)+(500-2\times15)]+2\times11.9\times10=1718$（mm）

3）箍筋根数

洞宽范围内箍筋根数$=\dfrac{1500-2\times50}{200}+1=8$（根）

纵筋锚固长度内箍筋根数$=\dfrac{950-100}{200}+1=6$（根）

【例4-6】 端部洞口连梁 LL5 施工图，见图4-29。设混凝土强度为 C30，抗震等级为一级，计算连梁 LL5 中间层的各种钢筋。

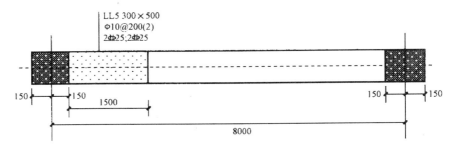

图4-29 LL5 钢筋计算图

【解】

（1）上、下部纵筋

计算公式＝净长＋左端柱内锚固＋右端直锚

左端支座锚固$=h_c-c+15d=300-15+15\times25=660$（mm）

右端直锚固长度$=\max(l_{aE}，600)=\max(38\times25，600)=950$（mm）

总长度$=1500+660+950=3110$（mm）

（2）箍筋长度

箍筋长度$=2\times[(300-2\times15)+(500-2\times15)]+2\times11.9\times10=1718$（mm）

（3）箍筋根数

洞宽范围内箍筋根数$=\dfrac{1500-2\times50}{200}+1=8$（根）

【例4-7】 剪力墙连梁和端柱，结构抗震等级为一级，C30 混凝土，墙柱柱保护层为 30mm，轴线居中，基础顶标高为-1.000m，基础高度为 1000mm，墙柱采用机械连接，墙身采用绑扎搭接，其他条件如图4-5所示。计算图中 LL1 的钢筋量。

【解】

LL1 标注内容：连梁 1 中间层，截面尺寸为 400×2000，上部和下部钢筋均为 4 Φ 22，梁顶标高相对于所在楼层标高高出 0.8m，箍筋为 ϕ10 的钢筋间距为 200mm，采用双肢箍。

连梁 1 顶层，截面尺寸为 400mm×800mm，上部和下部钢筋均为 4 Φ 25，梁顶标高与顶层标高相同，箍筋为 ϕ10 的钢筋间距为 100mm，采用双肢箍。

锚固长度：连梁纵筋的锚固为 $l_{aE}=34d=34×22=748$ （mm）

剪力墙连梁锚入墙肢内的长度 $=\max(600, l_{aE})=748$ （mm）

纵筋长度 $=1750+2×748=3246$ （mm）

共四层连梁，每层上下部钢筋为 8 根，因此，连梁纵筋的总根数为 32 Φ 22。

箍筋长度：

2～4 层箍筋长度 $=(400-2×30+2×10+2000-2×30+2×10)×2+2×11.9×10$
$\qquad\qquad\qquad =4878$ （mm）（30ϕ10）

2～4 层箍筋根数 $=\left(\dfrac{1750-2×50}{200}+1\right)×3=28$ （根）

顶层箍筋长度 $=(400-2×30+2×10+800-2×30+2×10)×2+2×11.9×10$
$\qquad\qquad\qquad =2478$ （mm）（30ϕ10）

顶层箍筋根数 $=\left(\dfrac{1750-2×50}{100}+1\right)+\left(\dfrac{748-100}{150}+1\right)×2=29$ （根）

【例 4-8】 BKL1 施工图，见图 4-30。其中，混凝土强度等级为 C30，抗震等级为一级。BKL1 的计算简图，见图 4-31。试求 1 号筋、2 号筋的长度。

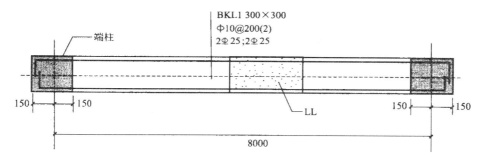

图 4-30　BKL1 配筋图

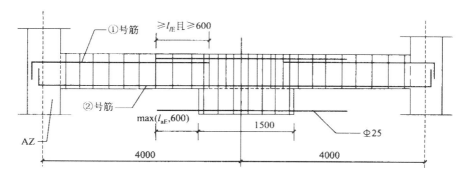

图 4-31　BKL1 计算简图

【解】

由混凝土强度等级 C30 和一级抗震，查表 2—7 得：墙钢筋混凝土保护层厚度 $c_梁=15mm$，柱钢筋混凝土保护层厚度 $c_柱=30mm$。

1 号筋长度＝左端暗柱锚固＋右端与连梁钢筋搭接

$$=4000-750-\max(l_{aE}，600)+\max(l_{lE}，600)+（150-30+15\times25）$$
$$=4000-750-\max(34\times25，600)+\max(47.6\times25，600)+（150-30+15\times25）$$
$$=4085（mm）$$

2 号筋长度＝梁长＋两端暗柱锚固（同墙身水平筋）$=8000+2\times150-2\times30+2\times15\times25$
$$=8990（mm）$$

箍筋长度$=2\times[（300-2\times15+10）+（300-2\times15+10）]+2\times11.9\times10=1358（mm）$

箍筋根数$=\dfrac{8000-2\times150-2\times50}{200}+1=39（根）$

【例 4-9】 AL1 施工图见图 4-32。其中，混凝土强度等级为 C30，抗震等级为一级。试求上、下部纵筋长度、箍筋长度及根数。

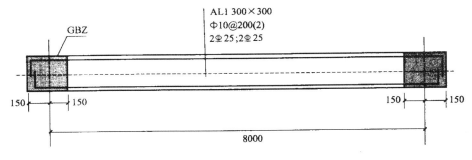

图 4-32 AL1 钢筋计算图

【解】

由混凝土强度等级 C30 和一级抗震，查表 2-7 得：墙钢筋混凝土保护层厚度 $c_梁=15mm$。

上、下部纵筋长度＝梁长＋两端暗柱锚固（同墙身水平筋）
$$=8000+2\times150-2\times15+2\times15\times25$$
$$=9020（mm）$$

箍筋长度$=2\times[（300-2\times15-10）+（300-2\times15-10）]+2\times11.9\times10=1278（mm）$

箍筋根数$=\dfrac{8000-2\times150-2\times100}{200}+1=39（根）$

5

板 构 件 钢 筋 翻 样

5.1 单跨板钢筋翻样

常遇问题

1. 单跨板板底筋钢筋如何翻样？
2. 单跨板板支座负弯矩钢筋如何翻样？
3. 单跨板负弯矩钢筋分布筋如何翻样？
4. 单跨板温度筋如何翻样？

【翻样方法】

◆单跨板板底筋钢筋翻样

底部钢筋的长度根据底筋深入支座内的长度不同而不同，常见的有很多种情况，在实际工作中选择其中一种情况就可以了，如图 5-1 所示。

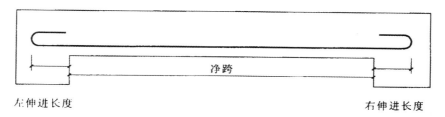

图 5-1 板底筋

板底筋长度计算公式：

$$板底筋长度 = 净跨 + 伸进长度 \times 2 + 弯钩 \times 2 \tag{5-1}$$

注：只有一级钢筋时才考虑 $6.25 \times d$。

板端支座不同，伸进长度也不同，如图 5-2 所示。

（1）当板端支座为梁时，板底筋长度计算公式为：

$$板底筋长度 = 净跨长 + 伸进长度 \max\left(\frac{支座宽}{2}, 5d\right) \times 2 + 弯钩 \times 2 \tag{5-2}$$

根数计算：

①起步筋距梁或墙边距离为 50mm：

$$X 方向底筋根数 = \frac{L_{y净} - 50 \times 2}{S_x}（取整） + 1 \tag{5-3}$$

②起步筋距梁或墙边距离为一个保护层 c：

$$X 方向底筋根数 = \frac{L_{y净} - 2c}{S_x}（取整） + 1 \tag{5-4}$$

③起步筋距梁或墙边距离为间距一半 $\frac{S_x}{2}$：

$$X 方向底筋根数 = \frac{L_{y净} - S_x}{S_x}（取整） + 1 \tag{5-5}$$

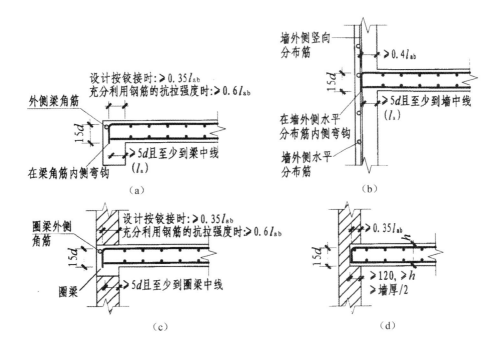

图 5-2　板在端部支座的锚固构造

(a) 端部支座为梁；(b) 端部支座为剪力墙；

(c) 端部支座为砌体墙的圈梁；(d) 端部支座为砌体墙

（2）当板端支座为砌体墙时，板底筋长度计算公式为：

$$板底筋长度＝净跨长＋伸进长度\max(120,h)\times 2＋弯钩\times 2 \qquad (5-6)$$

◆单跨板板支座负弯矩钢筋翻样

支座负弯矩钢筋分端支座负弯矩钢筋和中间支座负弯矩钢筋，如图 5-3 所示。

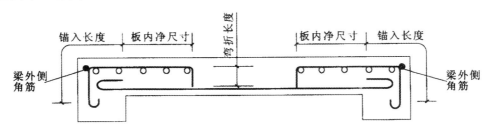

图 5-3　板负弯矩钢筋长度计算图

端支座负弯矩钢筋长度计算公式：

$$端支座负弯矩钢筋长度＝锚入长度＋弯钩＋板内净尺寸＋弯折长度 \qquad (5-7)$$

其中，弯折长度＝板厚－保护层。

$$端支座负弯矩钢筋根数＝\frac{布筋范围}{板负弯矩钢筋间距}＋1 \qquad (5-8)$$

支座负弯矩钢筋的锚入长度见表 5-1；支座负弯矩钢筋保护层厚度见表 2-7。

表 5-1   混凝土结构的环境类别

环境类别	条　件
一	室内干燥环境 无侵蚀性静水浸没环境
二 a	室内潮湿环境 非严寒和非寒冷地区的露天环境 非严寒和非寒冷地区与无侵蚀性的水或土壤直接接触的环境 严寒和寒冷地区的冰冻线以下与无侵蚀性的水或土壤直接接触的环境
二 b	干湿交替环境 水位频繁变动环境 严寒和寒冷地区的露天环境 严寒和寒冷地区冰冻线以上与无侵蚀性的水或土壤直接接触的环境
三 a	严寒和寒冷地区冬季水位变动区环境 受除冰盐影响环境 海风环境
三 b	盐渍土环境 受除冰盐作用环境 海岸环境
四	海水环境
五	受人为或自然的侵蚀性物质影响的环境

注 1. 室内潮湿环境是指构件表面经常处于结露或湿润状态的环境。
    2. 严寒和寒冷地区的划分应符合现行国家标准《民用建筑热工设计规范》（GB 50176—1993）的有关规定。
    3. 海岸环境和海风环境宜根据当地情况，考虑主导风向及结构所处迎风、背风部位等因素的影响，由调查研究和工程经验确定。
    4. 受除冰盐影响环境是指受到除冰盐盐雾影响的环境，受除冰盐作用环境是指作冰盐溶液溅射的环境以及使用除冰盐地区的洗车房、停车楼等建筑。
    5. 暴露的环境是指混凝土结构表面所处的环境。

◆单跨板负弯矩钢筋分布筋翻样

单跨板负弯矩钢筋分布筋如图 5-4 所示。

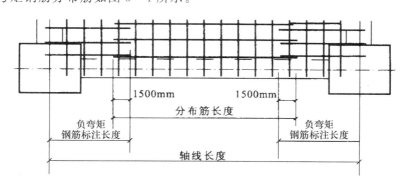

图 5-4 单跨板负弯矩钢筋分布筋

（1）负弯矩钢筋分布筋长度计算公式

负弯矩钢筋分布筋长度＝净跨长（或两支座中心线长度）－负弯矩钢筋标注长度×2＋参差长度×2

（2）负弯矩钢筋分布筋根数计算公式

$$负弯矩钢筋分布筋根数=\frac{负弯矩钢筋板内净长-起步距离}{间距}+1 \qquad (5-10)$$

◆单跨板温度筋翻样

温度筋一般布置在板上部无负弯矩钢筋区，如图5-5所示。

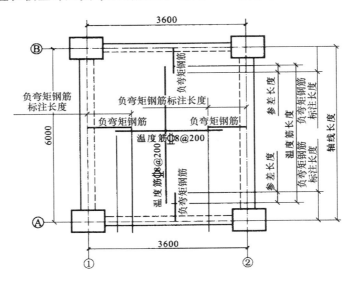

图5-5 单跨板温度筋示意图

当负弯矩钢筋标注到支座中心线时：

温度筋长度=两支座中心线长度-负弯矩钢筋标注长度×2+参差长度×2 （5-11）

当负弯矩钢筋标注到支座边线时：

温度筋长度=净跨长-负弯矩钢筋标注长度×2+参差长度×2 （5-12）

【实例】

【例5-1】 如图5-6所示，已知，当板端支座为框架梁时，梁截面为300mm×700mm，轴线居中。试求LB1底筋长度及根数。

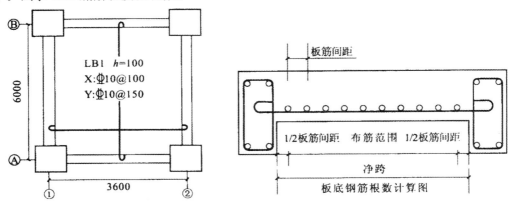

图5-6 LB1底筋计算图

【解】

①～②轴之间净跨长＝3600－150－150＝3300（mm）

$$\max\left(\frac{支座宽}{2},\ 5d\right)=\max\left(\frac{300}{2},\ 5\times10\right)=150\ (mm)$$

LB1 底筋（X 方向）长度＝净跨长＋伸进长度×2＋弯钩×2＝3300＋150×2＋62.5×2
$$=3725\ (mm)$$

LB1 底筋（Y 方向）长度＝净跨长＋伸进长度×2＋弯钩×2
$$=（6000-150-150）+150\times2+62.5\times2$$
$$=6125\ (mm)$$

X 方向底筋根数＝$\dfrac{L_{y净}-S_x}{S_x}$（取整）＋1＝$\dfrac{6000-150-150-100}{100}+1=57$（根）

Y 方向底筋根数＝$\dfrac{3600-150-150-150}{150}+1=22$（根）

【例 5－2】 根据图 5－7 计算①轴线板负弯矩钢筋的长度、根数。

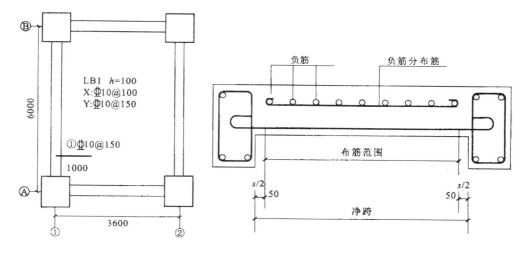

图 5－7 板端负弯矩钢筋根数计算图

【解】

锚入长度为 $l_a=24d=24\times8=192$（mm）

（注：需要与最小锚固长度 250mm 比较并判断，192＜250），

$l_a=250$（mm）

弯钩长度＝6.25d＝6.25×8＝50（mm）

支座负弯矩钢筋板内净尺寸＝$1000-\dfrac{300}{2}=850$（mm）

弯折长度＝板厚－保护层＝100－15＝85（mm）

LB1（①轴）端支座负弯矩钢筋长度＝锚入长度＋弯钩＋板内净尺寸＋弯折长度
$$=250+50+850+（100-15）$$
$$=1235\ (mm)$$

$$LB1\ 端支座（①轴）负弯矩钢筋根数 = \frac{布筋范围}{板负弯矩钢筋间距} + 1 = \frac{净跨长 - 75 \times 2}{150} + 1$$

$$= \frac{5700 - 150}{150} + 1 = 38（根）$$

【例 5 - 3】　根据图 5 - 8，计算 LB1 负弯矩钢筋分布筋的长度及根数。

已知：Ⓐ～Ⓑ轴之间距离为 6000mm；Ⓐ、Ⓑ轴上的负弯矩钢筋标注长度为 1000mm（至轴线）；分布筋和负弯矩钢筋参差长度为 150mm。

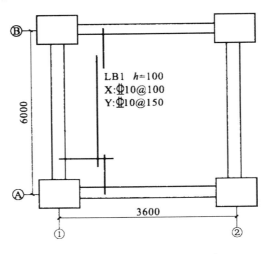

图 5 - 8　LB1 负弯矩钢筋分布筋

【解】

LB1 端支座（①轴）负弯矩钢筋的分布筋长度 = 净跨长(或两支座中心线长度)
－负弯矩钢筋标注长度×2＋参差长度×2
= 6000 - 1000 × 2 + 150 × 2
= 4300（mm）

$$支座负弯矩钢筋板内净尺寸 = 1000 - \frac{300}{2} = 850（mm）$$

$$LB1\ 端支座（①轴）负弯矩钢筋分布筋根数 = \frac{负弯矩钢筋板内净长 - 起步距离}{间距} + 1$$

$$= \frac{850 - 125}{250} + 1$$

$$= 4（根）$$

5.2　双跨板钢筋翻样

常遇问题

1. 双跨板钢筋需要计算的内容包括哪些？
2. 双跨板中间支座负弯矩钢筋长度和根数如何计算？

【翻样方法】

◆ 双跨板钢筋翻样

如图 5-9 所示，双跨板 LB1 需要计算内容分析如下：

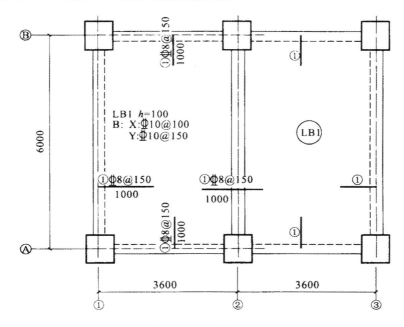

图 5-9 双跨板 LB1

1）底筋（①～②轴 X 方向、Y 方向；②～③轴 X 方向、Y 方向）长度和根数。

2）端支座负弯矩钢筋（①、③、Ⓐ、Ⓑ轴线）长度和根数。

3）中间支座负弯矩钢筋（②轴线）长度和根数。

4）负弯矩钢筋分布筋长度和根数。

双跨板底筋长度和根数、端支座负弯矩钢筋长度和根数、负弯矩钢筋分布筋长度和根数的计算方法与单跨板的计算方法相同，所以以下只介绍中间支座负弯矩钢筋长度和根数的计算。

（1）中间支座负弯矩钢筋长度的计算公式

$$中间支座负弯矩钢筋长度＝水平长度＋弯折长度×2 \qquad (5-13)$$

（2）弯折长度计算公式

$$弯折长度＝板厚－保护层 \qquad (5-14)$$

【实例】

【例 5-4】 根据图 5-10 所示，计算双跨板 LB1 中间支座负弯矩钢筋的长度及根数。

【解】

（1）中间支座负弯矩钢筋标注尺寸到支座中心线（或轴线），如图 5-10 所示。

②轴上中间支座负弯矩钢筋：

弯折长度＝板厚－保护层＝100－15＝85（mm）

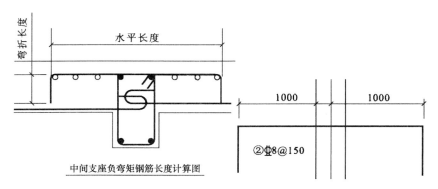

图 5-10　中间支座负弯矩钢筋（一）

水平长度＝左标注＋右标注＝1000＋1000＝2000（mm）

LB1 中间支座（②轴）负弯矩钢筋长度＝水平长度＋弯折长度×2＝2000＋85×2
$$＝2170（mm）$$

（2）中间支座负弯矩钢筋标注尺寸到梁边线，如图 5-11 所示。

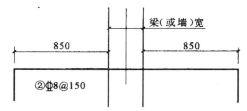

图 5-11　中间支座负弯矩钢筋（二）

中间支座负弯矩钢筋水平长度为左标注＋支座宽＋右标注

已知支座宽为 300mm，则

水平长度＝左标注＋支座宽＋右标注＝850＋300＋850＝2000（mm）

弯折长度＝板厚－保护层＝100－15＝85（mm）

LB1 中间支座负弯矩钢筋长度＝水平长度＋弯折长度×2＝2000＋85×2＝2170（mm）

5.3　纯悬挑板钢筋翻样

常遇问题

1. 纯悬挑板上部受力钢筋如何翻样？

2. 纯悬挑板分布筋如何翻样？

3. 纯悬挑板下部钢筋如何翻样？

【翻样方法】

◆纯悬挑板上部受力钢筋翻样

纯悬挑板上部受力钢筋如图 5-12 所示。

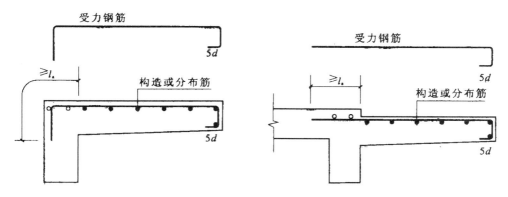

图 5-12 纯悬挑板上部受力钢筋

（1）上部受力钢筋的计算公式

上部受力钢筋长度＝锚固长度＋水平段长度＋（板厚－保护层厚度×2＋5d） （5-15）

注：当为一级钢筋时需要增加一个 180°弯钩长度。

（2）上部受力钢筋根数的计算公式

$$上部受力钢筋根数 = \frac{挑板长度 - 保护层厚度 \times 2}{间距} + 1 \qquad (5-16)$$

◆**纯悬挑板分布筋翻样计算**

（1）分布筋长度计算公式

$$分布筋长度 = 水平长度 \qquad (5-17)$$

（2）分布筋根数计算公式

$$分布筋根数 = \frac{布筋范围}{布筋间距} + 1 \qquad (5-18)$$

◆**纯悬挑板下部钢筋翻样**

为纯悬挑板（双层钢筋）时，除需要计算上部受力钢筋的长度和根数、分布筋的长度和根数以外，还需要计算下部构造钢筋长度和根数及分布筋的长度和根数，如图 5-13 所示。

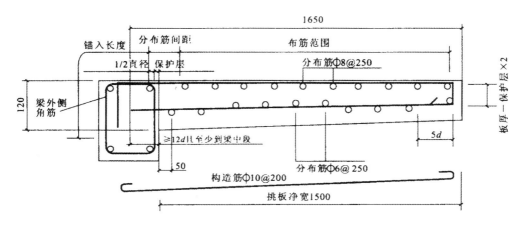

图 5-13 挑板下部钢筋计算图

（1）纯悬挑板下部构造钢筋长度计算公式

$$纯悬挑板下部构造钢筋长度＝纯悬挑板净长－保护层＋\max\left(12d,\frac{支座宽}{2}\right)＋弯钩 \qquad (5-19)$$

（2）纯悬挑板下部构造钢筋根数计算公式

$$纯悬挑板下部构造钢筋根数＝\frac{挑板长度－保护层×2}{间距}＋1 \qquad (5-20)$$

【实例】

【例5-5】 根据图5-14计算纯悬挑板上部受力钢筋的长度和根数。

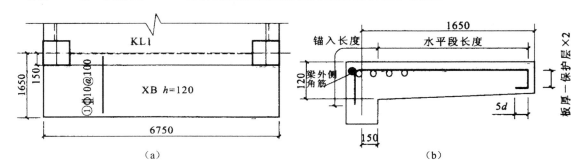

图5-14 上部受力钢筋

(a) 纯悬挑板平面图；(b) 纯悬挑板钢筋剖面

【解】

上部受力钢筋水平段长度＝悬挑板净跨长－保护层＝(1650－150)－15＝1485（mm）

$$
\begin{aligned}
纯悬挑板上部受力钢筋长度 &＝锚固长度＋水平段长度＋(板厚－保护层×2＋5d)＋弯钩\\
&＝\max(24d,250)＋1485＋(120－15×2＋5d)＋6.25d\\
&＝250＋1485＋(120－15×2＋5×10)＋6.25×10\\
&＝1932.5（mm）
\end{aligned}
$$

$$纯悬挑板上部受力钢筋根数＝\frac{悬挑板长度－板保护层c×2}{上部受力钢筋间距}＋1＝\frac{6750－15×2}{100}＋1＝69（根）$$

【例5-6】 纯悬挑板分布筋如图5-15所示，计算分布筋长度及根数。

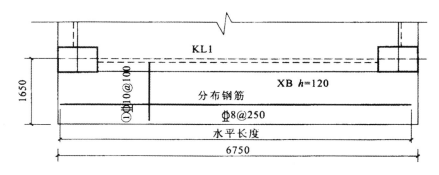

图5-15 分布钢筋平面图

【解】

分布筋长度＝水平长度＝6750－15×2＝6720（mm）

$$分布筋根数＝\frac{布筋范围}{布筋间距}＋1＝\frac{板净跨长－起步距离－50－保护层厚度}{布筋间距}＋1$$

$$＝\frac{1650－150－50－15}{250}＋1＝7（根）$$

【例5-7】 纯悬挑板下部构造筋如图5-13所示，计算下部构造筋长度及根数。

【解】

纯悬挑板净长＝1650－150＝1500（mm）

$$纯悬挑板下部构造筋长度＝纯悬挑板净长－保护层＋max\left(12d，\frac{支座宽}{2}\right)＋弯钩$$

$$＝1500－15＋max\left(120，\frac{300}{2}\right)＋6.25×10$$

$$＝1698（mm）$$

$$纯悬挑板下部受力钢筋根数＝\frac{挑板长度－保护层厚度×2}{间距}＋1＝\frac{6750－15×2}{200}＋1＝35（根）$$

6

板式楼梯钢筋翻样

6.1 AT 型楼梯钢筋翻样

常遇问题

1. AT 型楼梯板的基本尺寸数据有哪些?

2. 以 AT 型楼梯为例,楼梯板钢筋如何计算?

【翻样方法】

◆AT 楼梯板的基本尺寸数据

以 AT 楼梯为例分析楼梯板钢筋的计算过程。

AT 楼梯平法标注的一般模式如图 6-1 所示。

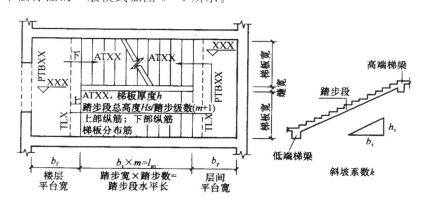

图 6-1 AT 楼梯平法标注的一般模式

基本尺寸数据有:梯板跨度 l_n、梯板宽 b_n、梯板厚 h、踏步宽度 b_s、踏步高度 h_s。

◆楼梯板钢筋计算中可能用到的系数

斜坡系数 k(在钢筋计算中,经常需要通过):

$$斜长 = 水平投影长度 \times 斜坡系数 k \qquad (6-1)$$

其中,斜坡系数可以通过踏步宽度和踏步高度来进行计算(如图 6-1 所示):

$$斜坡系数 k = \sqrt{b_s^2 + h_s^2}/b_s \qquad (6-2)$$

图 6-2 为 AT 楼梯板钢筋构造图。下面根据 AT 楼梯板钢筋构造图来分析 AT 楼梯板钢筋计算过程。

◆AT 楼梯板的纵向受力钢筋

(1)梯板下部纵筋位于 AT 踏步段斜板的下部,其计算依据为梯板经跨度 l_n,且其两端分别锚入高端梯梁和低端梯梁。其锚固长度满足大于或等于 $5d$ 且至少过支座中线。

在具体计算中,可以去锚固长度 $a = \max\left(5d, \dfrac{1}{2}kb\right)$

由上所述,梯板下部纵筋的计算过程为:

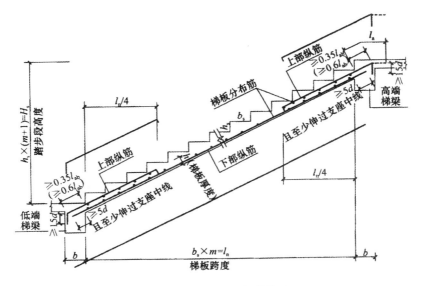

图 6-2 AT 楼梯板钢筋构造

①下部纵筋以及分布筋长度的计算

$$梯板下部纵筋的长度 \ l=l_n \times k+2 \times a \qquad (6-3)$$

$$分布筋的长度=b_n-2 \times 保护层厚度 \qquad (6-4)$$

②下部纵筋以及分布筋根数的计算

$$梯板下部纵筋的根数=\frac{b_n-2 \times 保护层厚度}{间距}+1 \qquad (6-5)$$

$$分布筋的根数=\frac{l_n \times k-50 \times 2}{间距}+1 \qquad (6-6)$$

（2）梯板低端扣筋位于踏步段斜板的低端，扣筋的一端扣在踏步段斜板上，直钩长度为 h_1。扣筋的另一端锚入低端梯梁内，锚固长度为 $0.35l_{ab}(0.6l_{ab})+15d$。扣筋的延伸长度投影长度为 $\dfrac{l_n}{4}$。

注：$0.35l_{ab}$ 用于设计按铰接的情况，$0.6l_{ab}$ 用于设计考虑充分发挥钢筋抗拉强度的情况。

由上所述，梯板低端扣筋的计算过程为：

1）低端扣筋以及分布筋长度的计算过程如下：

$$l_1=\left[\frac{l_n}{4}+(b-保护层厚度)\right] \times 斜坡系数 \ k \qquad (6-7)$$

$$l_2=0.35l_{ab}(0.6l_{ab})-(b-保护层厚度) \times 斜坡系数 \ k \qquad (6-8)$$

$$h_1=h-保护层厚度 \qquad (6-9)$$

$$分布筋=b_n-2 \times 保护层厚度 \qquad (6-10)$$

2）低端扣筋以及分布筋根数的计算过程如下：

$$梯板低端扣筋的根数=\frac{b_n-2 \times 保护层厚度}{间距}+1 \qquad (6-11)$$

$$分布筋的根数=\frac{\dfrac{l_n}{4} \times 斜坡系数后}{间距}+1 \qquad (6-12)$$

3）梯板高端扣筋位于踏步段斜板的高端，扣筋的一端扣在踏步段斜板上，直钩长度为 h_1，扣筋的另一端锚入高端梯梁内，锚入直段长度不小于 $0.35l_{ab}$（$0.6l_{ab}$），直钩长度 l_2 为 $15d$。扣筋的延伸长度水平投影长度为 $\dfrac{l_n}{4}$。由上所述，梯板高端扣筋的计算过程为：

①高端扣筋以及分布筋长度的计算过程如下：

$$h_1 = h - 保护层厚度 \tag{6-13}$$

$$l_1 = \frac{l_n}{4} \times 斜坡系数\ k + 0.35l_{ab}(0.6l_{ab}) \tag{6-14}$$

$$l_2 = 15d \tag{6-15}$$

$$分布筋 = b_n - 2 \times 保护层厚度 \tag{6-16}$$

②高端扣筋以及分布筋根数的计算过程如下：

$$梯板高端扣筋的根数 = \frac{b_n - 2 \times 保护层厚度}{间距} + 1 \tag{6-17}$$

$$分布筋的根数 = \frac{\dfrac{l_n}{4} \times 斜坡 - 2 \times 保护层系数\ k}{间距} + 1 \tag{6-18}$$

【实例】

【例 6-1】 AT1 的平面布置图如图 6-3 所示。混凝土强度为 C30，梯梁宽度 $b=200\text{mm}$。求 AT1 中各钢筋。

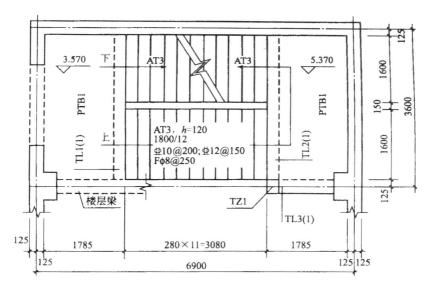

图 6-3 AT1 平面布置图

【解】

（1）AT 楼梯板的基本尺寸数据

1）楼梯板净跨度 $l_n = 3080$（mm）

2）梯板净宽度 $b_n = 1600$（mm）

3）梯板厚度 $h = 120$（mm）

4）踏步宽度 $b_s=280$ （mm）

5）踏步总高度 $H_s=1800$ （mm）

6）踏步高度 $h_s=\dfrac{1800}{12}=150$ （mm）

（2）计算步骤

1）斜坡系数 $k=\sqrt{h_s^2+b_s^2}=\sqrt{150^2+280^2}=1.134$。

2）梯板下部纵筋以及分布筋

①梯板下部纵筋

$$\begin{aligned}纵筋长度\ l&=l_n\times k+2\times a=3080\times1.134+2\times\max\left(5d,\frac{b}{2}\right)\\&=3080\times1.134+2\times\max\left(5\times12,\frac{200}{2}\right)\\&=3693\ （mm）\end{aligned}$$

$$纵筋根数=\frac{b_n-2\times c}{间距}+1=\frac{1600-2\times15}{150}+1=12\ （根）$$

②分布筋

分布筋长度 $=b_n-2\times c=1600-2\times15=1570$ （mm）

$$分布筋根数=\frac{l_n\times k-50\times2}{间距}+1=\frac{3080\times1.134-50\times2}{250}+1=15\ （根）$$

3）梯板低端扣筋

$$l_1=\left[\frac{l_n}{4}+(b-c)\right]\times k=\left(\frac{3080}{4}+200-15\right)\times1.134=1083\ （mm）$$

$$l_2=15d=15\times10=150\ （mm）$$

$$h_1=h-c=120-15=105\ （mm）$$

分布筋 $=b_n-2\times c=1600-2\times15=1570$ （mm）

$$梯板低端扣筋的根数=\frac{b_n-2\times c}{间距}+1=\frac{1600-2\times15}{250}+1=5\ （根）$$

$$分布筋的根数=\frac{\dfrac{l_n}{4}\times k}{间距}+1=\frac{\dfrac{3080}{4}\times1.134}{250}+1=5\ （根）$$

4）梯板高端扣筋

$$h_1=h-c=120-15=105\ （mm）$$

$$l_1=\left[\frac{l_n}{4}+(b-c)\right]\times k=\left(\frac{3080}{4}+200-15\right)\times1.134=1083\ （mm）$$

$$l_2=15d=15\times10=150\ （mm）$$

高端扣紧的每根长度 $=105+1083+150=1338$ （mm）

分布筋 $=b_n-2\times c=1600-2\times15=1570$ （mm）

$$梯板高端扣筋的根数=\frac{b_n-2\times c}{间距}+1=\frac{1600-2\times15}{150}+1=12\ （根）$$

$$分布筋的根数 = \frac{\dfrac{l_n}{4} \times k}{间距} + 1 = \frac{\dfrac{3080}{4} \times 1.134}{250} + 1 = 5（根）$$

上面只计算了一跑 AT1 的钢筋，一个楼梯间有两跑 AT1，因此，应将上述数据乘以 2。

6.2 ATc 型楼梯配筋翻样

常遇问题

1. ATc 型楼梯板配筋构造是如何规定的？

2. ATc 型楼梯配筋构造如何计算？

【翻样方法】

◆**ATc 型楼梯配筋翻样**

ATc 型楼梯配筋构造如图 6-4 所示。

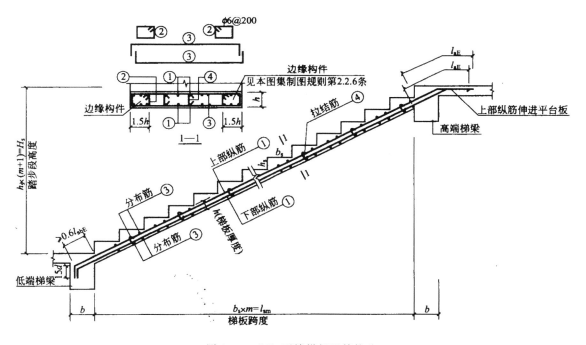

图 6-4 ATc 型楼梯板配筋构造

ATc 型楼梯板配筋构造：

ATc 型楼梯板厚度应按计算确定，且不宜小于 140mm，梯板采用双层配筋。

（1）踏步段纵向钢筋（双层配筋）。

踏步段下端：下部纵筋及上部纵筋均弯锚入低端梯梁，锚固平直段"$\geqslant l_{aE}$"，弯折段"$15d$"。上部纵筋需伸至支座对边再向下弯折。

踏步段上端：下部纵筋及上部纵筋均伸进平台板，锚入梁（板）l_{ab}。

（2）分布筋两端均弯直钩，长度$=h-2\times$保护层厚度。

下层分布筋设在下部纵筋的下面；上层分布筋设在上部纵筋的上面。

（3）在上部纵筋和下部纵筋之间设置拉结筋$\phi6$，拉结筋间距为600mm。

（4）边缘构件（暗梁）

设置在踏步段的两侧，宽度为"$1.5h$"。

暗梁纵筋：直径为$\phi12$且不小于梯板纵向受力钢筋的直径；一、二级抗震等级时不少于6根；三、四级抗震等级时不少于4根。

暗梁箍筋：$\phi6@200$。

【实例】

【例6-2】 ATc3的平面布置图如图6-5所示。混凝土强度为C30，抗震等级为一级，梯梁宽度$b=200$mm。求ATc3中各钢筋。

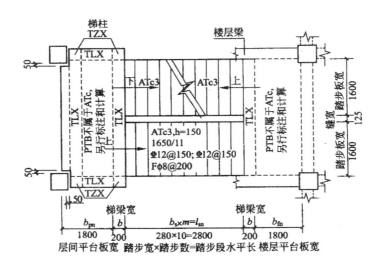

图6-5 ATc3型楼梯平面布置图

【解】

（1）ATc3楼梯板的基本尺寸数据

1）楼梯板净跨度$l_n=2800$（mm）

2）梯板净宽度$b_n=1600$（mm）

3）梯板厚度$h=120$（mm）

4）踏步宽度$b_s=280$（mm）

5）踏步总高度$H_s=1650$（mm）

6）踏步高度$h_s=\dfrac{1650}{11}=150$（mm）

（2）计算步骤

1）斜坡系数$k=\sqrt{h_s^2+b_s^2}=\sqrt{150^2+280^2}=1.134$。

2）梯板下部纵筋和上部纵筋：

$$下部纵筋长度 = 15d + (b - 保护层厚度 + l_{sn}) \times k + l_{aE}$$
$$= 15 \times 12 + (200 - 15 + 2800) \times 1.134 + 40 \times 12$$
$$= 4045（mm）$$

下部纵筋范围 $= b_n - 2 \times 1.5h = 1600 - 3 \times 150 = 1150（mm）$

下部纵筋根数 $= \dfrac{1150}{150} \approx 8（根）$

本题的上部纵筋长度与下部纵筋相同，

上部纵筋长度 $= 4045mm$，

上部纵筋范围与下部纵筋相同。

上部纵筋根数 $= \dfrac{1150}{150} \approx 8（根）$

3）梯板分布筋（③号钢筋）的计算（"扣筋"形状）：

分布筋的水平段长度 $= b_n - 2 \times 保护层厚度 = 1600 - 2 \times 15 = 1570（mm）$

分布筋的直钩长度 $= h - 2 \times 保护层厚度 = 150 - 2 \times 15 = 120（mm）$

分布筋每根长度 $= 1570 + 2 \times 120 = 1810（mm）$

分布筋根数的计算：

分布筋设置范围 $= l_{sn} \times k = 2800 \times 1.134 = 3175（mm）$

分布筋根数 $\dfrac{3175}{200} = 16（根）$（这仅是上部纵筋的分布筋根数）

上下纵筋的分布筋总数 $= 2 \times 16 = 32（根）$

4）梯板拉结筋（④号钢筋）的计算：

根据 11G101-2 第 44 页的注 4，梯板拉结筋为 $\phi6$，间距为 600mm。

拉结筋长度 $= h - 2 \times 保护层 + 2 \times 拉筋直径 = 150 - 2 \times 15 + 2 \times 6 = 132（mm）$

拉结筋根数 $= \dfrac{3175}{600} = 6（根）$（这是一对上下纵筋的拉结筋根数）

每一对上下纵筋都应该设置拉结筋（相邻上下纵筋错开设置），

拉结筋总根数 $= 8 \times 6 = 48（根）$

5）梯板暗梁箍筋（②号钢筋）的计算：

梯板暗梁箍筋为 $\phi6@200$。

箍筋尺寸计算：（箍筋仍按内围尺寸计算）

箍筋宽度 $= 1.5h - 保护层 - 2d = 1.5 \times 150 - 15 - 2 \times 6 = 198（mm）$

箍筋高度 $= h - 2 \times 保护层 - 2d = 150 - 2 \times 15 - 2 \times 6 = 108（mm）$

箍筋每根长度 $= (198 + 108) \times 2 + 26 \times 6 = 768（mm）$

箍筋分布范围 $= l_{sn} \times k = 2800 \times 1.134 = 3175（mm）$

箍筋根数 $= \dfrac{3175}{200} = 16（根）$（这是一道暗梁的箍筋根数）

两道暗梁的箍筋根数 $= 2 \times 16 = 32（根）$

6）梯板暗梁纵筋的计算：

每道暗梁纵筋根数为 6 根（一级、二级抗震时），暗梁纵筋直径 $\oplus12$（不小于纵向受力钢筋直径）：

两道暗梁的纵筋根数＝2×6＝12（根）

本题的暗梁纵筋长度同下部纵筋：

暗梁纵筋长度＝4045（mm）

上面只计算了一跑 ATc 楼梯的钢筋，一个楼梯间有两跑 ATc 楼梯，两跑楼梯的钢筋要把上述钢筋数量乘以 2。

参 考 文 献

［1］　中国建筑标准设计研究院．混凝土结构施工图平面整体表示方法制图规则和构造详图（现浇混凝土框架、剪力墙、梁、板）（11G101-1）［S］．北京：中国计划出版社，2011.

［2］　中国建筑标准设计研究院．混凝土结构施工图平面整体表示方法制图规则和构造详图（现浇混凝土板式楼梯）（11G101-2）［S］．北京：中国计划出版社，2011.

［3］　中国建筑标准设计研究院．混凝土结构施工图平面整体表示方法制图规则和构造详图（独立基础、条形基础、筏形基础及桩基承台）（11G101-3）［S］．北京：中国计划出版社，2011.

［4］　中国建筑标准设计研究院．混凝土结构施工钢筋排布规则与构造详图（现浇混凝土框架、剪力墙、梁、板）（12G901-1）［S］．北京：中国计划出版社，2012.

［5］　中国建筑标准设计研究院．混凝土结构施工钢筋排布规则与构造详图（现浇混凝土板式楼梯）（12G901-2）［S］．北京：中国计划出版社，2012.

［6］　中国建筑标准设计研究院．混凝土结构施工钢筋排布规则与构造详图（独立基础、条形基础、筏形基础、桩基承台）（12G901-3）［S］．北京：中国计划出版社，2012.

［7］　国家标准．混凝土结构设计规范（GB 50010—2010）［S］．北京：中国建筑工业出版社，2010.

［8］　国家标准．建筑抗震设计规范（GB 50011—2010）［S］．北京：中国建筑工业出版社，2010.

［9］　上官子昌．钢筋翻样方法与技巧［M］．北京：化学工业出版社，2012.

［10］　张军．钢筋翻样与加工实例教程［M］．南京：江苏科学技术出版社，2013.

图书在版编目（CIP）数据

例解钢筋翻样方法/李守巨，徐鑫主编．—北京：知识产权出版社，2016.6

（例解钢筋工程实用技术系列）

ISBN 978-7-5130-4333-5

Ⅰ.①例… Ⅱ.①李…②徐… Ⅲ.①建筑工程—钢筋—工程施工 Ⅳ.①TU755.3

中国版本图书馆 CIP 数据核字（2016）第 170396 号

内容提要

本书依据《11G101-1》《11G101-2》《11G101-3》《12G901-1》《12G901-2》《12G901-3》六本最新图集及《混凝土结构设计规范》（GB 50010—2010）、《建筑抗震设计规范》（GB 50011—2010）编写，共分为六章，包括：基础钢筋翻样、柱构件钢筋翻样、梁构件钢筋翻样、剪力墙构件钢筋翻样、板构件钢筋翻样以及板式楼梯钢筋翻样。

本书把相关内容板块化独立出来，便于读者快速查找。本书可供施工单位、造价咨询单位和建设单位钢筋翻样人员使用，也可供结构设计人员、监理人员等参考。

责任编辑：段红梅　刘　爽　　　　责任校对：谷　洋

封面设计：刘　伟　　　　　　　　责任出版：刘译文

例解钢筋工程实用技术系列

例解钢筋翻样方法

李守巨　徐　鑫　主编

出版发行：**知识产权出版社**有限责任公司	网　　址：http：//www.ipph.cn
社　　址：北京市海淀区西外太平庄 55 号	邮　　编：100081
责编电话：010-82000860 转 8125	责编邮箱：39919393@qq.com
发行电话：010-82000860 转 8101/8102	发行传真：010-82000893/82005070/82000270
印　　刷：北京富生印刷厂	经　　销：各大网上书店、新华书店及相关专业书店
开　　本：787mm×1092mm　1/16	印　　张：9.5
版　　次：2016 年 6 月第 1 版	印　　次：2016 年 6 月第 1 次印刷
字　　数：250 千字	定　　价：35.00 元

ISBN 978-7-5130-4333-5